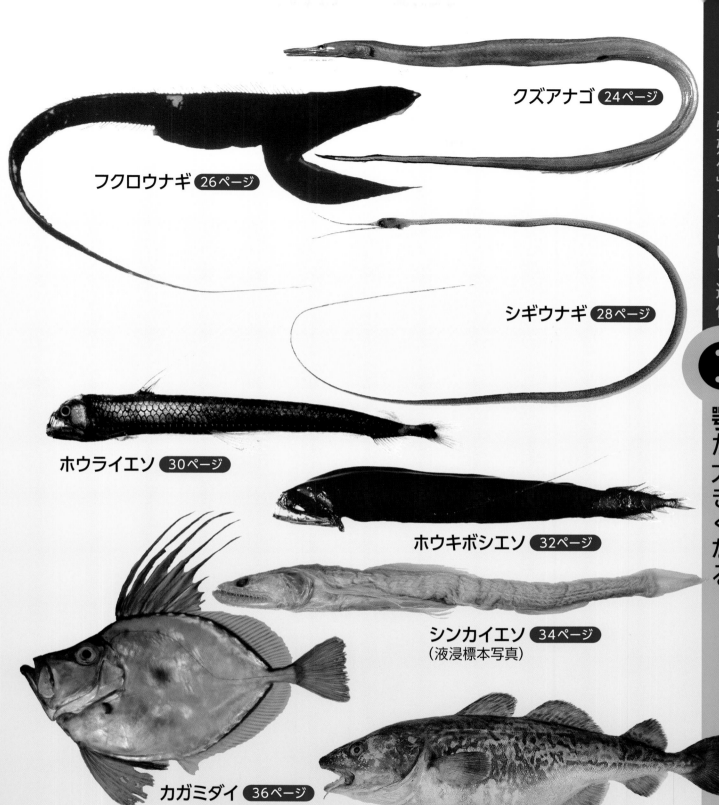

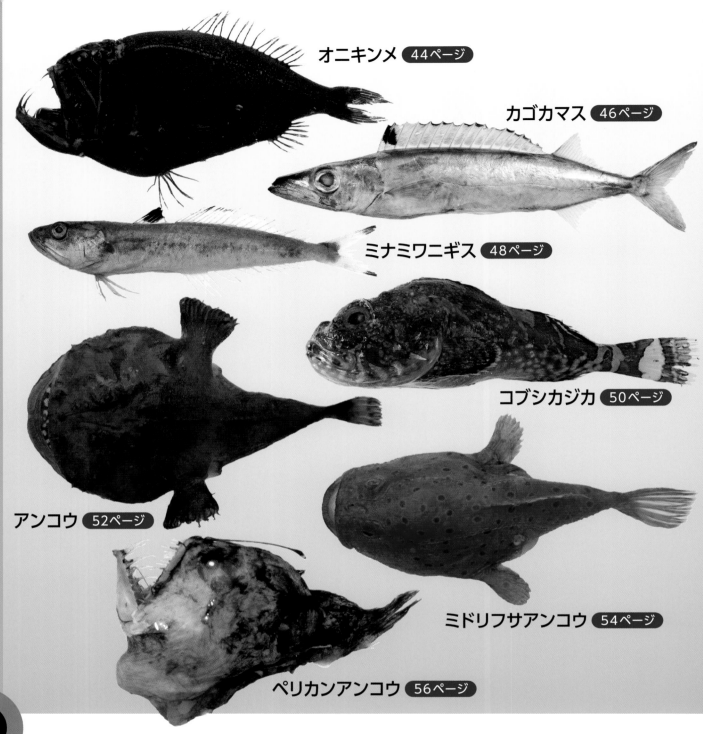

① 顎が大きくなる

オニキンメ 44ページ

カゴカマス 46ページ

ミナミワニギス 48ページ

コブシカジカ 50ページ

アンコウ 52ページ

ミドリフサアンコウ 54ページ

ペリカンアンコウ 56ページ

② 眼が大きくなる

カゴシマニギス 60ページ

デメニギス 62ページ

ギンザケイワシ 64ページ

ツマリデメエソ 66ページ

ハダカイワシ 68ページ

ソコマトウダイ 70ページ

モヨウヒゲ 72ページ

ツバサナカムラギンメ 74ページ

キンメダイ 76ページ

オオメハタ 78ページ

ホタルジャコ 80ページ

アラスカキチジ 82ページ

ユメカサゴ 84ページ

ヒメシマガツオ 108ページ

ホウボウ 110ページ

ソコハリゴチ 112ページ

アゴゲンゲ 114ページ

ネズミギンポ 116ページ

トリカジカ 118ページ

コンペイトウ 122ページ

オホーツクソコカジカ 120ページ

ソコグツ 124ページ
（液浸標本写真）

フエカワムキ 128ページ

オニアンコウ 126ページ

イトヒキイワシ 132ページ

アカチョッキクジラウオ 134ページ

アカクジラウオダマシ 136ページ

ソコボウズ 138ページ

コンニャクオクメウオ 140ページ
（液浸標本写真）

イデユウシノシタ 142ページ
（液浸標本写真）

ミツクリエナガチョウチンアンコウ
144ページ

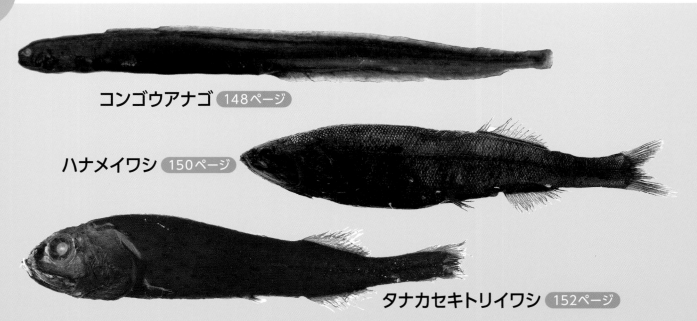

コンゴウアナゴ 148ページ

ハナメイワシ 150ページ

タナカセキトリイワシ 152ページ

オオヨコエソ 154ページ

シャチブリ 156ページ

フリソデウオ 158ページ

ハナトゲアシロ 160ページ

クロボウズギス 162ページ

クロカサゴ 164ページ

ハダカオオカミウオ 166ページ

ホテイウオ 168ページ

ビクニン 170ページ

フタツザオチョウチンアンコウ 172ページ
（液浸標本写真）

ヨリトフグ 174ページ

本書の見方 How to read this book

エックス線CTについて

エックス線CT（コンピューテッド・トモグラフィー）装置は、エックス線透視画像を利用して、密度が異なる部分を色々な角度から詳しく観察するための機械です。

トモグラフィーは断層（輪切り）画像のことです。断層画像を数百〜数千枚集めて、コンピュータを使ってつなぎ合わせて三次元（立体）画像をつくります。

私たちが「エックス線透視画像」または「レントゲン撮影画像」と呼んでいるものは、1枚のフィルムに焼きつけた画像です。魚類の場合は、脊椎骨（背骨）を数えるために日常的に使います。

図1は、スミクイウオという深海魚のエックス線透視画像（上）とエックス線CT画像（丸枠内）と約800枚のエックス線CT画像から組み立てた三次元画像（下）です。

エックス線CT装置を利用すれば、体の表面の凹凸を詳しく調べたり、標本を壊さずに体の中を観察したりすることができます。骨には硬骨と軟骨がありますが、硬骨は密度が高くてエックス線を吸収しやすい（透過しにくい）ので、はっきりと写ります。

魚類の体はたくさんの骨からできています。魚類だけにしかない骨もありますが、ヒトを含めた脊椎動物で共通している骨もかなりあります。魚を調理したり食べる時に何げなく見ている骨には1つ1つ名前があり、魚種によって大きさや形が変わったり、近くにある別の骨と一体化（癒合）したり、あるいは失ったりします。

撮影に使用した標本

CT撮影した個体はいずれも魚類液浸標本で、国立科学博物館が所蔵するコレクションの一部です。ホルマリンで防腐処理した後に、一定の濃度に水で薄めたアルコールの中で保存しています。国立科学博物館の魚類コレクションであることを意味するNSMT-Pの後に続く数字が登録番号で、この番号を国立科学博物館ホームページ（https://www.kahaku.go.jp/）の上の方にある「研究と標本・資料」から「標本・資料統合データベース」に進み、「魚類」を選んで検索すると標本が採集された場所がわかり

図1 エックス線透視画像とCT画像

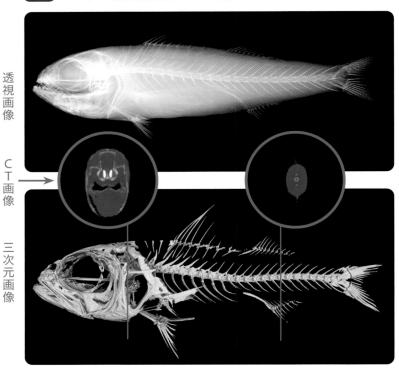

透視画像

CT画像

三次元画像

図2 国立科学博物館ホームページ検索画面

ます（図2）。図中のQRコードから直接検索画面を見ることもできます。

外部形態の名称

スミクイウオで体の名称や測定法を紹介しましょう（図3）。鰭には背鰭、臀鰭、尾鰭、胸鰭および腹鰭があります。鰭は1基、2基と数えます。スミクイウオには背鰭が2基あります。鰭が体と接する部分を基底と呼びます。

頭部の中でも特に眼より前の部分は吻と呼びます。鰓蓋は「えらぶた」のことで、呼吸するために必要で、デリケート

図3 各部名称

な鰓を保護します。また、第2背鰭と臀鰭のそれぞれの基底後端と尾鰭基底を結ぶ線で囲まれた部分を尾柄と呼びます。

　鰭は鰭条と鰭膜でできています。鰭条は構造によって棘条と軟条に分けられます。軟条は竹の節のような構造があり、柔軟性があります。左右の要素が合わさって1本の軟条になります。多くの種で先端が2本以上に枝分かれします。一方で、棘条は節がなく、左右の要素にも分けられません。一般に先端は尖ります。棘は「トゲ」の意味です。

　この本では、魚のサイズを表す「全長」と「標準体長」を意識的に使い分けています。全長は、頭の先端から尾鰭の後端までの水平方向の長さです。一方、標準体長は、上顎もしくは吻のどちらかより出っ張っている方の前端

から尾鰭の鰭条を支える尾鰭骨格の後端までの長さです。しかし、魚種によって尾鰭骨格が小さくなり、その後端がはっきりしない種の場合は全長で示します。

　体高は体の垂直方向で一番長い部分、体幅は体の水平方向で一番幅広い部分を測り、いずれも鰭を含めません。

　体は頭部、躯幹部、尾部の3つに分かれます。尾鰭は含めません。頭部は鰓蓋の後端まで、躯幹部は頭部の直後から臀鰭基底の直前まで、尾部は躯幹部の直後から尾鰭基底までです。

　魚の体形には、側扁形（体高が体幅よりもあきらかに大きい）、縦扁形（体高が体幅よりもあきらかに小さい）があります。その他に紡錘形（カツオのような体形）があり、ウナギ形（棒状）やフグ形（球状）のようにその形を代表する魚の名前がついた体形もあります。

本書の見方 How to read this book

骨の種類

本書では、硬骨（英語でボーン：bone）を単に「骨」と呼びます。軟骨（カーティラジ：cartilage）は「軟骨」と表記します。硬骨魚類は骨格の主要部分を骨で支えています。無顎類（ヌタウナギ類とヤツメウナギ類）や軟骨魚類（サメ類、エイ類およびギンザメ類）の骨格がほとんど軟骨でできているのと対照的です。

骨は、最初は軟骨として発生し、その後骨化してできる軟骨性硬骨と、結合組織（筋肉と骨を結ぶ腱など）や皮膚そのものが骨化してできる膜骨があります。また、成長して背骨になる部分には、ゼリー状の脊索という棒状の構造があります。

深海魚の場合、骨が未発達で軟骨が多い種がかなりいます。そのためエックス線CT撮影をすると、その部分は何もないように見えます。軟骨ばかりでできている骨格は、無防備で生存に不利と感じるかもしれませんが、体重が軽くなり、動く際にエネルギーをあまり消費しないという利点があります。

生きるために必要な部分だけを骨化しているような深海魚もいますので、どの部分がしっかりと骨化しているかにも注目してみてください。

骨の名称

ここでもスミクイウオを例に、硬骨魚類の骨を次の順で説明します。（1）背骨と付属骨格、尾鰭骨格（図4）、（2）頭蓋骨、眼下骨、顎骨、懸垂骨、鰓蓋骨、強膜輪（図5）、（3）舌弓、鰓弓（図6）および（4）肩帯、腰帯（図7）です。

（1）背骨と付属骨格、尾鰭骨格

背骨は、体の前後に走るつながった骨です。1つ1つを脊椎骨と呼びます。脊椎骨の背側には神経が、腹側には血管が走り、背側にあるトゲを神経棘、腹側にあるトゲを血管棘といいます。脊椎骨は血管棘の有無で、腹椎骨と尾椎骨に分けることができます。腹椎骨には肋骨などの付属骨格がついていることがあります。本書では、これらを肋骨と肉間骨に分けました。肋骨も肉間骨の1つですが、内臓を保護するという特殊な役割があります。

背鰭や臀鰭の基底の下には担鰭骨があり、鰭条を支えます。魚種によっては鰭条のない上神経棘があります。

尾鰭は血管棘が板状になった下尾骨やその周辺の骨で支えられます。一般に原始的な魚は下尾骨の枚数が多い傾向があります。

（2）頭蓋骨、眼下骨、顎骨、懸垂骨、鰓蓋骨、強膜輪

頭蓋骨をつくる骨は隣の骨と縫合線や軟骨でつながり

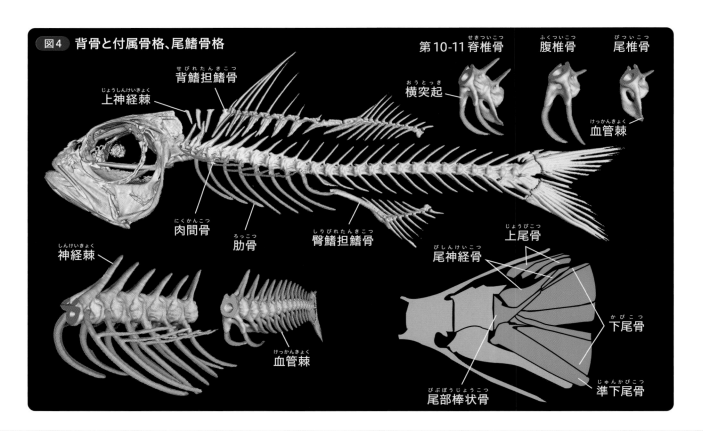

図4 背骨と付属骨格、尾鰭骨格

第10-11脊椎骨　腹椎骨　尾椎骨　上神経棘　背鰭担鰭骨　横突起　血管棘　肉間骨　肋骨　臀鰭担鰭骨　神経棘　血管棘　尾神経骨　上尾骨　下尾骨　尾部棒状骨　準下尾骨

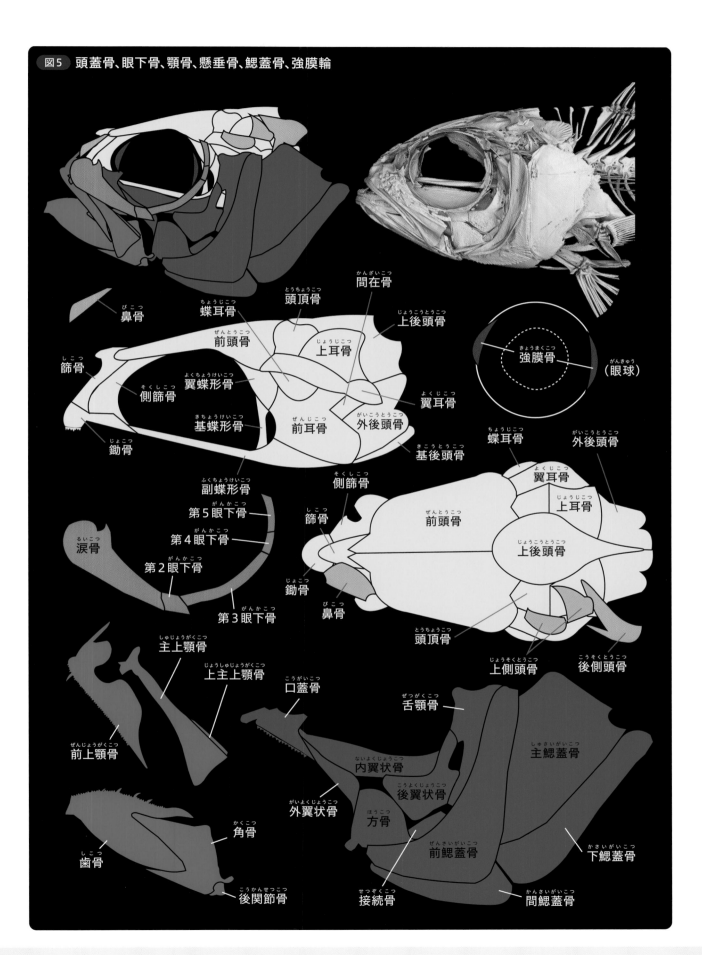

図5 頭蓋骨、眼下骨、顎骨、懸垂骨、鰓蓋骨、強膜輪

鼻骨

蝶耳骨

頭頂骨

間在骨

上後頭骨

前頭骨

上耳骨

篩骨

翼蝶形骨

側篩骨

基蝶形骨

前耳骨

翼耳骨

外後頭骨

鋤骨

基後頭骨

強膜骨

（眼球）

蝶耳骨

外後頭骨

副蝶形骨

側篩骨

翼耳骨

第5眼下骨

上耳骨

第4眼下骨

篩骨

前頭骨

涙骨

第2眼下骨

上後頭骨

鋤骨

第3眼下骨

鼻骨

頭頂骨

上側頭骨

後側頭骨

主上顎骨

上主上顎骨

口蓋骨

舌顎骨

前上顎骨

内翼状骨

主鰓蓋骨

後翼状骨

外翼状骨

方骨

角骨

前鰓蓋骨

歯骨

下鰓蓋骨

後関節骨

接続骨

間鰓蓋骨

11

本書の見方 *How to read this book*

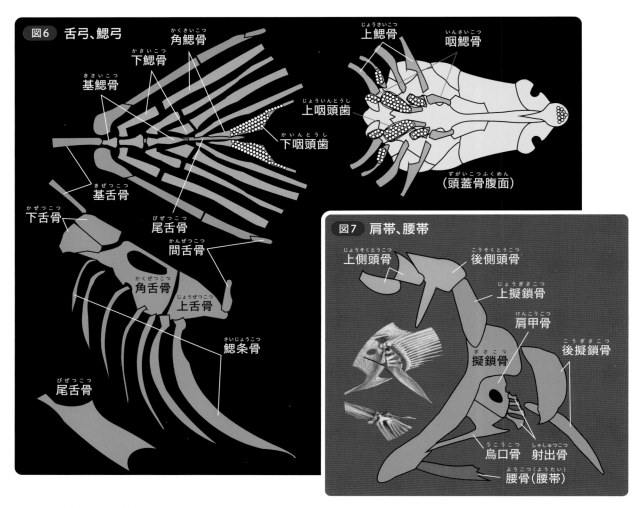

図6 舌弓、鰓弓

角鰓骨（かくさいこつ）
下鰓骨（かさいこつ）
基鰓骨（きさいこつ）
上咽頭歯（じょういんとうし）
下咽頭歯（かいんとうし）
基舌骨（きぜつこつ）
下舌骨（かぜつこつ）
尾舌骨（びぜつこつ）
間舌骨（かんぜつこつ）
角舌骨（かくぜつこつ）
上舌骨（じょうぜつこつ）
鰓条骨（さいじょうこつ）
尾舌骨（びぜつこつ）

上鰓骨（じょうさいこつ）
咽鰓骨（いんさいこつ）
（頭蓋骨腹面）（ずがいこつふくめん）

図7 肩帯、腰帯

上側頭骨（じょうそくとうこつ）
後側頭骨（こうそくとうこつ）
上擬鎖骨（じょうぎさこつ）
肩甲骨（けんこうこつ）
擬鎖骨（ぎさこつ）
後擬鎖骨（こうぎさこつ）
烏口骨（うこうこつ）
射出骨（しゃしゅつこつ）
腰骨（腰帯）（ようこつ（ようたい））

ますが、鼻骨、上側頭骨（じょうそくとうこつ）および後側頭骨（こうそくとうこつ）は腱（＝結合組織）でつながっています。鋤骨にある歯を鋤骨歯（じょこつし）といいます。

　眼下骨は眼球の下や後方に並びます。第1眼下骨は大きく、特に涙骨（るいこつ）と呼びます。顎骨は上顎と下顎の要素からなります。

　懸垂骨は下顎や口腔（こうくう）を支えます。口蓋骨にある歯を口蓋骨歯（こうがいこつし）と呼びます。

　鰓蓋骨は鰓を保護する板状の骨の集まりです。

　強膜輪は眼球の表面にあり、それぞれを強膜骨（きょうまくこつ）といいます。

（3）舌弓、鰓弓

　舌弓は、舌の部分を形づくる他、喉（のど）と鰓蓋骨の間にある膜を支えます。

　鰓弓は、呼吸器官の鰓（さい）（鰓弁（さいべん））がつく場所を提供します。背側と腹側には上・下咽頭歯があります。獲物を潰して柔らかくする役割があります。

（4）肩帯、腰帯

　後側頭骨を介して頭蓋骨につながり、胸鰭を支える一連の骨を肩帯といいます。腹鰭は腰帯で支えられます。腰帯は腰骨だけでできています。

骨を見るポイント

　魚の骨は非常に数が多いので、もしかすると細かい部分に目移りしてしまうかもしれません。その場合は観察する部分を決めて、違った種で比較するとよいです。オススメは上顎骨の形（一部の種では口を前に長く伸ばすことができます）、頭蓋骨の前頭骨の大きさ（前頭骨は頭蓋骨の中で一番大きい骨です。この骨が小さく見える場合は、他の部分が大きくなっている可能性があります）、頭蓋骨と脊椎骨の関節（一部の種では頭を大きく後ろに反らすために、脊椎骨の最初の数個は骨化せずに脊索（せきさく）のままです）、肋骨（腹が膨らむ時に邪魔（じゃま）になります）、鰭条や担鰭骨（遊泳力や体を大きくして呑み込まれないことに関係します）などです。その他、鱗（うろこ）のある場所・ない場所、歯の形、数、サイズなどにも注目すると新たな発見があると思います。

生息場所と種多様性 *Habitat and species diversity*

地形と水深区分

大陸の周辺には水深約200mまで大陸棚があります。大陸棚より外側を外洋といい、外洋の200mより深い場所を深海と呼びます。

水深200mから3,000mまでの地形は大陸斜面で、海底の部分を漸深海帯と呼びます。3,000～4,000mは海膨という、なだらかで起伏のある場所です。外洋の海底の大部分は海膨とその上下1,500mくらいの水深からなる深海平原からできています。水深3,000～6,000mの海底を深海帯と呼びます。そして、6,000mよりも深い場所は海溝と呼ばれ、海洋プレートが大陸の下に潜り込むところにできます。海溝最深部を海淵といいます。

外洋には海面から出ている島（＝海洋島）の他に頂上が海中にある海山があります。また、海底のくぼみを海盆と呼びます。

陸地や海底から離れて生活する魚が生息する場所は、中深層（200～1,000m）、漸深層（1,000～3,000m）、深海層（3,000～6,000m）および超深層（6,000m以上）に区分されます。

深海は太陽光が1％以下しか届かない暗い場所です。水深200～1,000mを弱光層、または薄明帯、1,000mより深い場所を無光層、または暗黒帯と呼びます。発光器をもつ魚類や無脊椎動物が主に生息するのは弱光層です。この水深帯は生物発光が盛んな場所です。

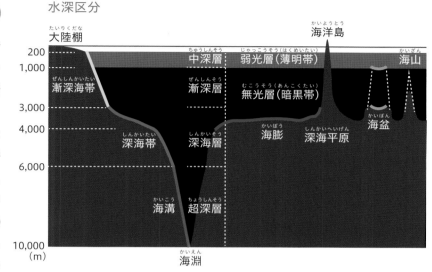

水深区分

水圧と水温

水圧は水の重さで、水深が深くなるごとに直線的に高くなります。1cm²の面積にかかる水圧は、水深10,000mで約1tになります。

高い水圧は浅海や淡水に棲む魚類にとって生命活動に支障をきたすことが知られています。深海魚の体はすでに高い水圧に慣れてしまっていますので、低い水圧のほうが苦手です。

例えば、深海魚の中にも気体の入った鰾をもつ種が多数います。気体は圧力をかければ液体になり、鰾は血管とつながっているので、血液の中に液体の状態で貯蔵することができます。ゆっくりであれば水深に応じて鰾

内の気体の量を調整できますが、急に浅い場所に連れてこられると鰾が膨張して腹が膨らみ、胃は内側と外側がひっくりかえった状態で口から出てきます。眼球が飛び出る現象も鰾が原因で起こります。下の写真は、深海トロールで漁獲されたイバラヒゲです。

イバラヒゲの胃と眼球

眼球

反転した胃

深海域は浅海域や淡水域に比べて水温が低いという考えは、太陽から離れるほど温められないので、ある程度あたっていますが、深海にも海流があり、温度も海流の影響を受けます。さらに場所によっては熱水鉱床や冷水鉱床があり、地熱の発生源になります。

海の表面水温は地球の低緯度で約20～30℃、北極や南極を除く高緯度海域で約10～20℃と考えることができますが、どちらも水深1,000mまで急激に下がり、5℃前後になります。その後は水深6,000m（海溝の入り口）までゆっくりと下がり、最終的には2℃くらいになります。深海の水温は、北極海・南極海の平均水温マイナス2～3℃よりも温かいといえます。

生息場所と種多様性 *Habitat and species diversity*

一次、二次深海魚

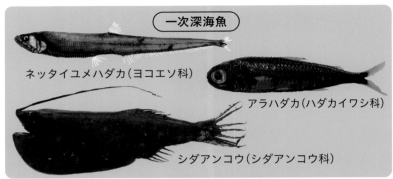

一次深海魚
- ネッタイユメハダカ（ヨコエソ科）
- アラハダカ（ハダカイワシ科）
- シダアンコウ（シダアンコウ科）

二次深海魚
- シロブチヘビゲンゲ（ゲンゲ科）
- アコウダイ（メバル科）
- ヒモウシノシタ（ウシノシタ科）

栄養とエネルギー供給

　植物プランクトンがギリギリ生きられる深さを補償深度といいます。光合成によって獲得できるエネルギーが、呼吸を含む生命活動で消費されるエネルギーと同じになる深さを指します。水の透明度にもよりますが、補償深度は1,000 mくらいです。1,000 mよりさらに深い場所は動物と菌類の世界になります。

　魚類は卵からふ化後、仔魚、稚魚、未成魚、成魚の順番で成長します。一部の深海魚は、産卵の時に浅い場所に集まります。祖先種が浅海で産卵していた証拠と考えられます。その一方で、産卵は深海で行われ、卵や仔魚が表層域で育つ深海魚もいます。プランクトンが多い場所を成長する場として選んでいます。

　深海魚は海底に落下したもの、深海生物、浅海生物などを食べています。鯨類や大型動物の死骸は腐食性の魚類の食料になります。深海生物を捕食する深海魚はたくさんいます。大部分の硬骨魚類は獲物を丸呑みにしますが、中には鱗食魚（スケールイーター）もいます。他の魚の鱗だけをかすめとって食べます。鱗食は淡水魚や浅海魚でも知られ、深海でも独自に進化しています。浅海生物を食料とする深海魚は夜を浅海、昼間を深海で過ごすために垂直方向に移動します。日周鉛直移動といいます。中深層遊泳性のエビ類や動物プランクトンも浅海で栄養を得るために日周鉛直移動をします。魚類を含めて移動する水深は種によって異なります。様々な水深を行き来する複数の種がいることで、浅海の餌生物から得たエネルギーが複数の「はしご」をつたって降りるように深海へ供給されると考えられます。

深海魚の種数

　1970年にアメリカの魚類学者が、その当時知られていた世界中の魚類（淡水魚、浅海魚、深海魚および海と淡水を行き来する両側回遊魚）を集計し、深海底（漸深海帯から海溝）に1,280種、中深層から超深層に1,010種いることを報告しました。両方を合わせた2,290種は、魚種全体の11.4%になります。種数が少ないと感じるかもしれ

ませんが、深海の大部分は沿岸や淡水域に比べて単調な環境のため種分化が起こりにくく、さらに隠れる場所がなく、エサが少ないため、どんな魚でも棲める場所ではないことと深く関係しています。2008年にはカナダの研究者が将来発見される種数を推定して、最終的に漸深海帯〜海溝の深海魚は約4,700〜5,000種、中深層〜超深層は約1,600〜1,750種になると予想しました。

一次深海魚と二次深海魚

　深海魚には主に外洋に生息し、海底から離れて暮らす種と、陸地につながる深海底に棲む種がいます。

　前者の多くは祖先種が深海に進出し、深海で種分化した魚です。祖先を含めて科の全種が深海性で、一次深海魚と呼びます。それに対して後者は、祖先種は浅海性で、そこから一部の子孫が深海に進出し、残りの子孫は浅海に生息しており、二次深海魚と呼びます。

　一次深海魚は発光器、大きな口、牙、極端なサイズの眼などの特徴的な外見をもちます。一方、二次深海魚は骨や筋肉の発達が悪かったりしますが、基本的には浅い場所に棲む近縁種と外見が似ています。生理的に深海に適応したと考えられています。

　一次深海魚にはニギス目、ワニトカゲギス目、ハダカイワシ目、チョウチンアンコウ亜目、ソコダラ科などの全種が、二次深海魚にはアシロ目、カサゴ目、カレイ目などの一部の種が該当します。

進化と適応 *Evolution and adaptation*

発光器官の種類

　深海魚の一部では、腹部に多数の発光器が並ぶことがあります。これらの発光器は弱光層では真上からくる光によって腹側に影ができ、捕食者に場所を知らせてしまう危険を避けるため、腹部を光らせて影を消します。カウンターシェーディング（countershading）といいます。外洋表層性魚類には背中が青黒く、腹が銀白の種がいますが、これもカウンターシェーディングです。

　眼の周辺に大きい目立った発光器がある種もいます。サーチライトとして獲物を探すのに使います。ヒゲや背鰭、尾鰭の鰭条の先端に発光器がついている種もいます。ルアー（疑似餌）として獲物をおびき寄せるのに使います。

　比較的小型の肉食者で、体表の大部分が顆粒状の発光器でおおわれている種もいます。種によっては、この小さい発光器が集合体になって縞模様をつくることもあります。カウンターシェーディングとは違う使い方をする

と考えられています。それは身に危険が迫った時に、光のアラーム（警報）を発するというものです。これをバーグラ・アラーム（警報装置）仮説といいます。中型サイズの捕食者に襲われている小型の種が、光のシグナルを使って大型の捕食者を呼び寄せ、自分を襲う個体を食べてもらうことで生き残る戦略です。

　肛門周辺に退化的な発光器が、または尾柄に尾部発光腺がある種もいます。これらの発光器官は同種間（特にオスとメス）のコミュニケーションに利用していると考えられています。

　器官そのものが光るのではなく、体側にある小さい管から発光液を噴出し、捕食者から逃れるハナメイワシのような種もいます。

特殊な眼

　一部の深海魚の眼は光をよく反射します。網膜（光を感知する細胞からできています）と脈絡膜の間にタペータム（輝板）があり、眼の中に入ってきて一度網膜を通過

発光器官

シチゴイワシ

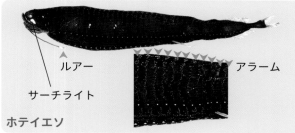

ルアー　　　　　　　アラーム

サーチライト

ホテイエソ

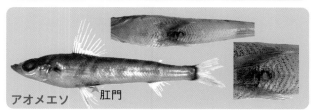

アオメエソ　　肛門

尾部発光腺

ホタルビハダカ

眼の構造

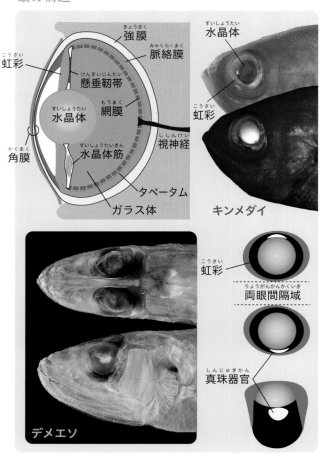

強膜
脈絡膜
虹彩
懸垂靱帯
水晶体
網膜
視神経
角膜
水晶体筋
タペータム
ガラス体

水晶体
虹彩

キンメダイ

虹彩

両眼間隔域

真珠器官

デメエソ

した光線を反射して網膜へ戻すことで、光への感度を2倍にします。タペータムは、銀色に輝く魚の鱗（うろこ）にもあるグアニン結晶からできています。

管状（つつじょう）の眼をもつ種もいます。眼が伸びているように見えますが、実際は正常な眼球の膨らんだ部分が退化して筒状になったものです。両眼間隔域（りょうがんかんかくいき）が狭くなる傾向があり、両眼の視野に重なりができて、獲物までの距離を測ることが可能になります。しかし、一方向からくる光だけを見る能力を高めすぎた代償として、死角が増えるという不都合が生じます。その解決策として、デメエソやヤリエソのように虹彩の側面に真珠器官（しんじゅきかん）（側方からの光を水晶体に誘導するための補助装置）を発達させた種もいます。

周囲の状況を感知する側線

側線は聴覚器官です。魚類には基本的に頭部を走る頭部側線管（そくせん）と体側の体側側線管があります。深海魚では視覚に頼らず、発達した側線で周囲の変化や状況を敏感にキャッチする種がいます。頭部側線管は部分的に骨で支えられ、眼上管（がんじょうかん）と上側頭管（じょうそくとうかん）は頭蓋骨の一部の骨で、眼下管（がんかかん）は眼下骨（がんかこつ）で、そして鰓蓋・下顎管（さいがい　かがくかん　ぜんさいがいこつ）は前鰓蓋骨と下顎の骨の中を通ります。

側線管の中には感丘（かんきゅう）が一定間隔で並んでいます。感丘の頂上にある有毛細胞（ゆうもうさいぼう）で、水流を感知します。

口を大きく開ける仕組み

深海魚の中には、口からはみ出す牙状の歯をもつ種がいます。かなり大きく口を開けないと獲物に噛みつくことができません。

ワニトカゲギス目は頭を大きく反らして、口を大きく開けます。頭を反らす時に頭蓋骨直後の脊椎骨（せ）が邪魔になりますが、脊椎骨をつくらないという方法でこの問題を解決しました。脊椎骨は発生学的には弾力性のある脊索（せきさく）のまわりに軟骨ができ、それらが骨化してできます。しかし、ワニトカゲギス目の一部の種では、頭蓋骨直後の脊椎骨が一生できず、脊索のままで維持します。さらに舌弓（ぜっきゅう）が180°後方に回転し、喉（のど）に空間的な余裕をつくることも必要で、様々な能力が関係しています。

側線器官

眼上管（がんじょうかん）
上側頭管（じょうそくとうかん）
眼下管（がんかかん）
体側側線管（たいそくそくせんかん）
鰓蓋・下顎管（さいがい　かがくかん）
ワキヤハタ

矢印は感丘（かんきゅう）
タテカブトウオ属の1種

頭皮は除去、骨は染色（とうひ）
バケダラ

ホウライエソの口

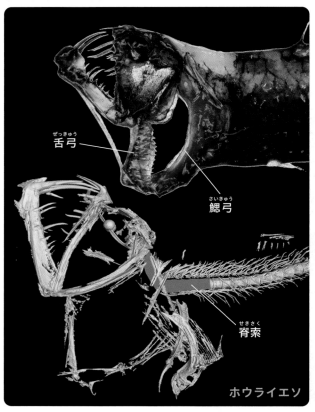

舌弓（ぜっきゅう）
鰓弓（さいきゅう）
脊索（せきさく）
ホウライエソ

深海魚コレクション

エックス線CTで探る不思議な姿

Deep-sea Fishes Inside Out A View from Japan's National Collection

篠原現人 著

深海魚をエックス線で分解し、組み立て、観察する

　この本は、深海魚の姿を深く知ってもらうために書いたものです。エックス線CT（断層写真）を使って合計72種の深海魚の体を解説していますが、海外の出版物を含め、これほどの種数の魚類の3D画像を紹介した本は他に例がありません。最近は精密なカラー画像で魚の体表を詳細に解説する図鑑も珍しくありません。しかし、エックス線CTを利用すると、体の内部だけでなく表面もよりはっきりと観察することができます。

　私が使用したのは工業用のエックス線CT撮影装置です。製品の検査などに使われる機器で、医療用に比べると少し小型（しかし、機械の重量は3t）で、撮影できる対象もヒトよりもずっと小さくなります。しかし、深海魚には数cmから数十cmのサイズの種がたくさんいますので、その調査には最適な機器です。ちなみに口が大きく、巨大な牙をもつオニキンメの成魚は、手のひらに載るサイズです（写真）。

顔のクローズアップ写真だけならいかにも怖そうな魚ですが、実際のサイズを知ると、どこかかわいく感じるかもしれません。

　私が勤めている国立科学博物館には日本最大の魚類標本コレクション（150万個体以上）があります。そして、国立科学博物館では世界でも有数の深海魚標本（深海魚コレクション）を研究、教育および展示のために保管しています。

　深海魚がヒトを惹きつける理由の一つは、その姿や生活が「個性的すぎる」ことだと思います。必要な部位は徹底的に磨きをかけ、不要なものは捨てる。例えば、口には強力な牙をそなえているのに体は無防備とか、捕食者に見つからないように発光器を準備して光で姿を消すなどの「必死さ」、「巧妙さ」はヒトの心にどこか刺さるものがあります。体の一部が巨大化し、または退化するのは、その種の生態や系統（祖先とのつながり）に強く関係しています。深海魚の体をよく見てみると、基本的に魚類の体に備わっていた仕組みをうまく変化させて利用していることがわかります。イトヒキイワシ類（三脚魚）のアンテナやチョウチンアンコウ類の発光器を吊るす竿（イリシウム）が鰭の一部だったことは標本をじっくりと観察するとわかります。私は深海魚の多様性を解明すること自体に魅力を感じていますが、過酷な環境に見事に適応している姿を見るたびに、私たちヒトの将来の生活に役立つヒントが深海魚標本の中に隠れているのではと考えています。

　深海魚の各種の生息分布域は、『日本産魚類検索全種の同定第三版』（中坊徹次編、東海大学出版部、2013年）を主に参考にしました。魚類の分類体系は『Fishes of the World, 5th Edition』（Nelson, J. S. 他、ワイリー社、2016年）の説を和訳した『魚類学』（矢部衛他編、恒星社厚生閣、2017年）を、系統仮説はそれとほぼ一致するHughes, L.C. 他の考え（『米国科学アカデミー紀要』、115巻、6249〜6254頁、2017年）を採用しました。各種の豆知識では深海魚の生態や分類をより身近に感じてもらうような情報を選んで紹介しました。読者が個人で調べるにはなかなか難しい魚名（標準和名、学名、英名など）の由来は、国内外の論文（新種記載の論文など）や専門書の他にインターネットでも調べ、ことわり書きつきで私の考えも組み入れました。特に学名の意味や解釈についてはThe Etyfish Project（https://etyfish.org/search/）から改めて多くを学んだことを記しておきます。

　本書を通じて深海魚研究の魅力や将来性を感じていただけることを願っています。なお、この研究の一部はJSPS科研費　JP21K01009（応用を目的とする硬骨魚類における棘条固定メカニズムの解明と多様性）の助成を受けて行われました。

国立科学博物館

篠原現人

深海魚コレクション エックス線CTで探る不思議な姿

Deep-sea Fishes Inside Out A View from Japan's National Collection

I. 「特殊化」するという進化

II. 「退化」するという進化

深海魚を含むグループ(目)の系統樹

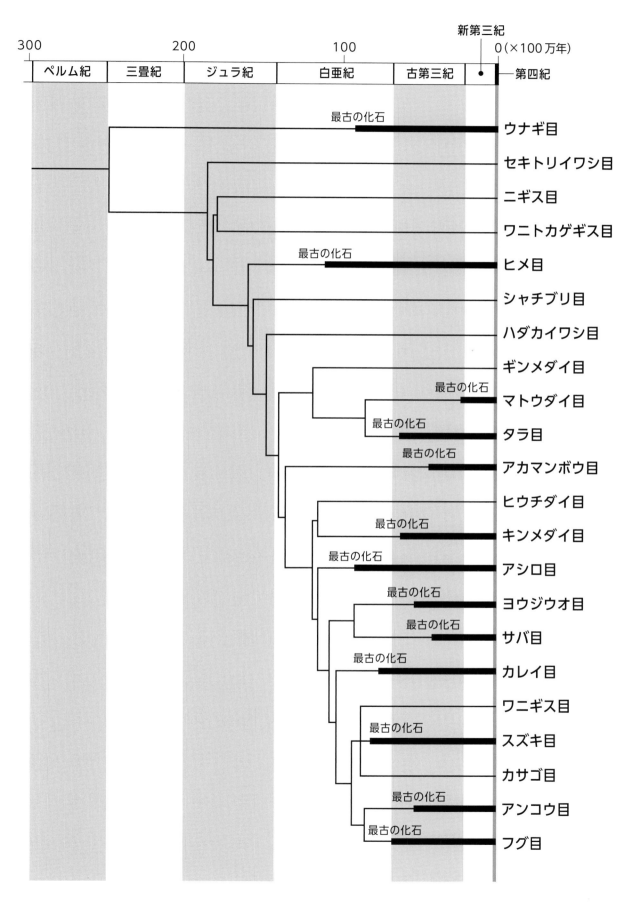

Hughes, L.C. 他 (2017)の仮説を参考に作図

篠原現人（しのはら げんと）

水産学博士（北海道大学）
国立科学博物館 動物研究部脊椎動物研究グループ 研究主幹
北海道大学総合博物館 資料部 研究員
日本魚類学会第27代会長（2019～2021年）
専門：魚類系統分類学
湘南海岸のすぐそばで育ち、ものごころがつく前から魚類に親しむ

● 著書

『日本の海水魚』（分担筆、山と渓谷社）、『日本動物大百科6魚類』（分担筆、平凡社）、『海に生きるものたちの掟』（分担筆、ソフトバンククリエイティブ）、『生物の形や能力を利用する学問バイオミメティクス』（編・分担筆、東海大学出版部）、『魚類学』（分担筆、恒星社厚生閣）、『魚類学の百科事典』（分担筆、丸善出版）、『小学館の図鑑Neo危険生物』（分担筆、小学館）、『小学館の図鑑Neo深海生物』（分担筆、小学館）など

● 企画・監修特別展

深海──挑戦の歩みと驚異の生きものたち──（国立科学博物館上野本館、2013年7月6日～10月6日）
海のハンター展──恵み豊かな地球の未来──（国立科学博物館上野本館、2016年7月8日～10月2日）
深海2017 ～最深研究でせまる“生命”と“地球”～（国立科学博物館上野本館、2017年7月11日～10月1日）など

● 企画・監修企画展

生き物に学び、くらしに活かす──博物館とバイオミメティクス（国立科学博物館上野本館、2016年4月19日～6月12日）など

● 写真協力

・北海道大学 総合博物館 田城文人氏 提供
ホウキボシエソ（p.1、p.32）、コブシカジカ（p.2、p.50）、デメニギス（p.2、p.62）、アラスカキチジ（p.3、p.82）、オホーツクソコカジカ（p.5、p.120）、アカクジラウオダマシ（p.6、p.136）、クロボウズギス（p.7、p.162）、ハダカオオカミウオ（p.7、p.166）、ホテイウオ（p.7、p.168）

・高知大学 理工学部 遠藤広光氏 提供
カガミダイ（p.1、p.36）、ウケグチザラガレイ（p.1、p.40）、ソコマトウダイ（p.3、p.70）、ツバサナカムラギンメ（p.3、p.74）、キンメダイ（p.3、p.76）、ヒウチダイ（p.4、p.98）、ボウズコンニャク（p.4、p.104）、シャチブリ（p.7、p.156）、バケダラ頭部（p.16）

・国立科学博物館 名誉研究員 窪寺恒己氏 提供
バケダラ（p.4、p.94）、イトヒキイワシ（p.6、p.132）

※上記以外の写真は、国立科学博物館 脊椎動物研究グループ（魚類） 提供

〈使用機材〉
・エックス線CT撮影装置（操作用ソフトウェア含む）：（株）島津製作所　inspeXio SMX-225CT FPD HR Plus
・解析用ソフトウェア：ボリュームグラフィックス（株）　VGSTUDIO MAX 3.5

I. 「特殊化」するという進化

顎が大きくなる

クズアナゴ

●学名：*Nettastoma parviceps* Günther, 1877
●学名の読み方：ネッタストーマ・パーヴィセプス
●学名の意味：小さな頭のネッタストーマ（＝クズアナゴ属）
●系統学的位置：ウナギ目クズアナゴ科クズアナゴ属

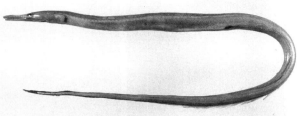

【標本】NSMT-P 49964

生態

　水深1,200 mまでの大陸棚や大陸斜面に生息します。日本では本州東北沖の太平洋、相模灘、熊野灘、土佐湾、東シナ海に、海外では台湾、オーストラリア、ニュージーランド、ハワイ諸島、アフリカ南東部に分布しています。甲殻類を主に食べています。仔魚はレプトセファルス幼生です。

特徴

　体は細長く、断面は前部が円形、後部が楕円形です。頭は細長く、やや縦扁します。鰓孔は小さく、腹側にあります。体には太い側線があります。背鰭は鰓孔の上から始まります。胸鰭と腹鰭はありません。肛門は体の中間よりも前にあります。鼻孔は2つあり、前鼻孔は吻端近くに、後鼻孔は両眼間隔域のやや後ろにあります。生きている時は茶褐色で、鰓蓋部と腹部は青白いです。背鰭と臀鰭の縁、尾鰭と肛門は黒色です。全長で最大70 cmくらいになります。

仲間

　クズアナゴ属には世界で5種が知られ、日本にはクズアナゴとニセクズアナゴの2種が分布しています。

豆知識

　クズアナゴは、漢字で「屑穴子」と書きます。「役に立たない（食用にならない）アナゴ」という意味だと思われます。

　属名のネッタストーマは「アヒルの口」という意味です。少し平べったくなっている長い上顎の特徴をとらえています。また、クズアナゴ属を含むクズアナゴ科は、英名でダックビル・イール（Duckbill Eel）と呼ばれます。「カモノハシのようなウナギ」という意味です。

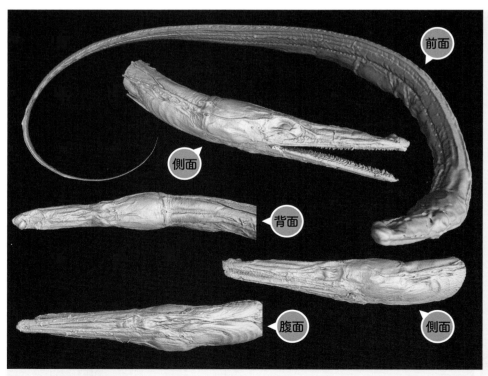

【標本】NSMT-P 53642

全長32.8 cm

CTからわかること

眼下骨は上顎の前部から眼の後方まで並びます。前上顎・篩鋤骨は細長く、腹面に円錐歯が密集します。主上顎骨と歯骨も細長く、同様の歯が並びます。前頭骨と頭頂骨は大きいです。主鰓蓋骨は三角形で、体の腹側にかたよっています。鰓条骨は細く、後半部は上向きに曲がります。擬鎖骨は細長い板状です。

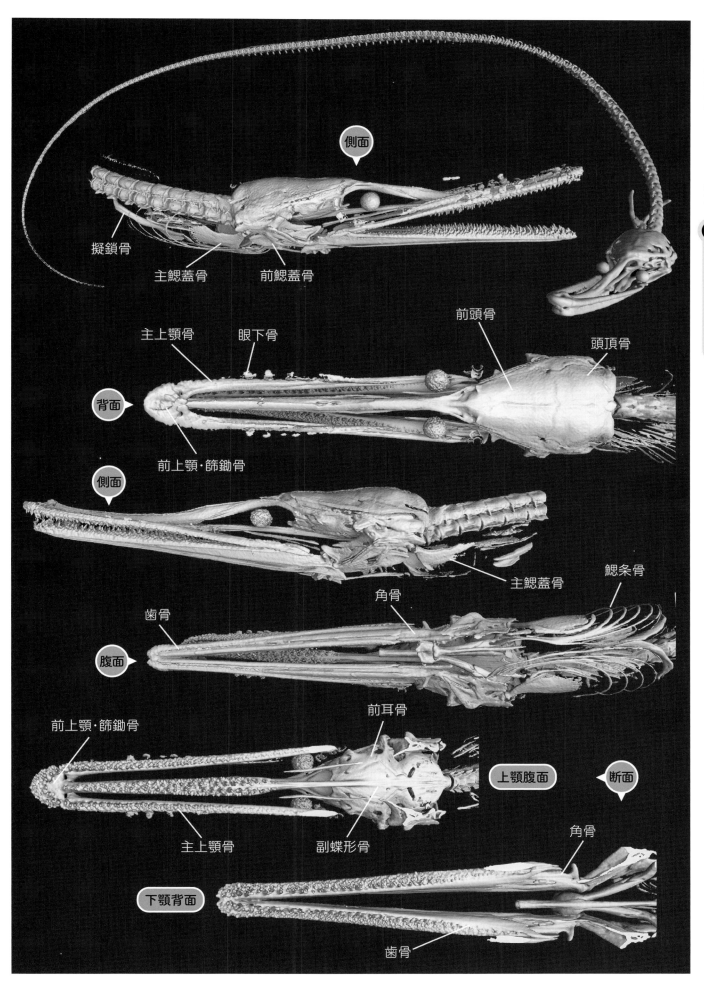

側面

擬鎖骨

主鰓蓋骨 前鰓蓋骨

前頭骨

主上顎骨 眼下骨 頭頂骨

背面

前上顎・篩鋤骨

側面

主鰓蓋骨 鰓条骨

角骨

歯骨

腹面

前耳骨

前上顎・篩鋤骨

上顎腹面 断面

主上顎骨 副蝶形骨

角骨

下顎背面

歯骨

❶ フクロウナギ

顎が大きくなる

深海の
ペリカン

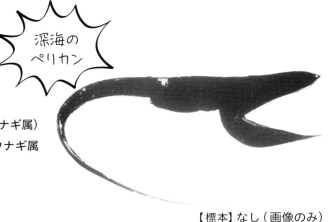

- 学名：*Eurypharynx pelecanoides* Vaillant,1882
- 学名の読み方：ユーリファリンクス・ペレカノイデス
- 学名の意味：ペリカン形のユーリファリンクス（＝フクロウナギ属）
- 系統学的位置：フウセンウナギ目フクロウナギ科フクロウナギ属

【標本】なし（画像のみ）

生態

　水深3,000mまでの中深層に生息し、日本では東北地方太平洋沖、伊豆諸島、小笠原諸島、土佐湾、東シナ海に分布します。海外では世界中の熱帯〜温帯海域からの採集が知られていますが、グリーンランドからの採集例もあります。環形動物、甲殻類、軟体動物、魚類など様々な動物を食べる他、大西洋のサルガッソー海では、海藻のホンダワラ類の破片が胃内容として高い頻度で見つかっています。仔魚はレプトセファルス幼生です。

特徴

　口は大きく、袋状です。眼は小さく、吻端近くにあります。口壁は非常に柔らかいです。鰓孔は眼よりもかなり後方にあります。胸鰭は鰓孔のすぐ後ろにあり、非常に小さく痕跡的です。背鰭は胸鰭よりも前から始まります。明瞭な尾鰭はありませんが、尾の末端に発光器があります。頭部や体に鱗はありません。生きている時の体色は、褐色がかった黒色です。全長で最大65cmくらいになります。

仲間

　フクロウナギ属にはフクロウナギ1種のみが含まれ、フクロウナギ科はフクロウナギ属のみを含みます。

豆知識

　フクロウナギは目の前にいる獲物を、水の塊ごと包み込んで食べるという捕食戦略をとっています（吸い込める水の体積は、平常時の10倍以上）。口の中に取り込んだ水は、閉じた口の隙間の他に、眼のかなり後ろにある小さい鰓孔から出して、獲物だけを口の中に閉じ込めます。さらに尾の先端にある発光器で獲物を誘引していると考えられています。

　サルガッソー海では海藻の破片を食べていますが、この現象は食べるものを特に選ばず、近くにあるものを口に入れる習性だと考えられています。

　属名のユーリファリンクスは「幅広い喉」という意味で、優れた弾力性をもつ下顎の膜を指しています。

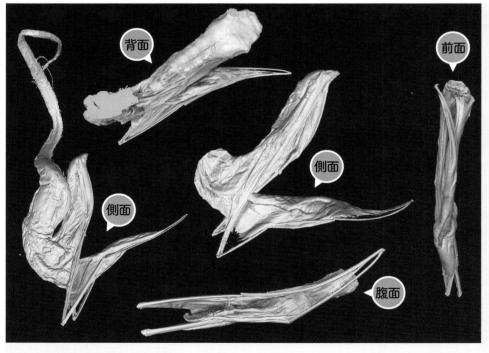

【標本】NSMT-P 110870　　　　全長42.2cm

CTからわかること

頭蓋骨は小さく、縦扁します。頭長は上顎の長さの10分の1以下です。吻を含む頭部の前部は軟骨でできています。歯骨と角骨は細長く、同じくらいの長さです。肋骨はありません。脊椎骨の神経棘と血管棘は発達しません。背鰭・臀鰭担鰭骨は小さいです。

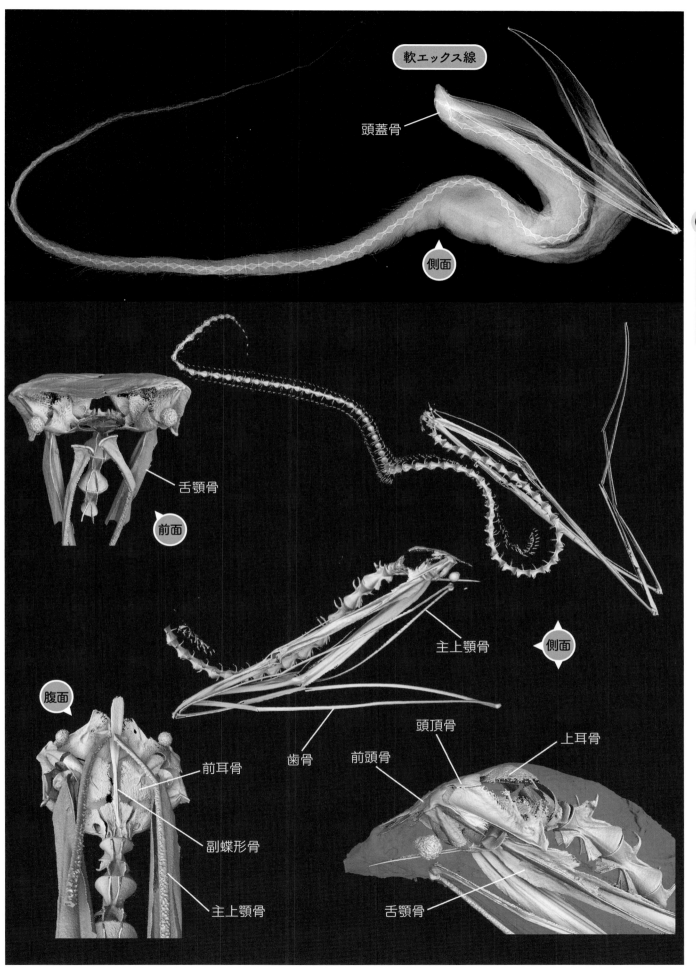

軟エックス線

頭蓋骨

側面

前面

舌顎骨

側面

主上顎骨

腹面

前耳骨

副蝶形骨

主上顎骨

歯骨

前頭骨

頭頂骨

上耳骨

舌顎骨

❶ シギウナギ

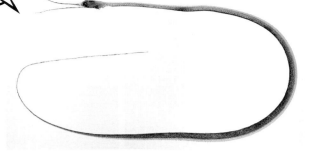

反り返る
クチバシ

- ●学名：*Nemichthys scolopaceus* Richardson, 1848
- ●学名の読み方：ネミクチス・スコロパセウス
- ●学名の意味：ヤマシギのようなネミクチス（＝シギウナギ属）
- ●系統学的位置：ウナギ目シギウナギ科シギウナギ属

顎が大きくなる

生態

　水深300〜2,000 mの中層域に生息し、日本を含む世界の温熱帯域に分布します。潜水艇での観察では、立ち泳ぎのような姿勢でただよっている様子が報告されています。細かい歯が並ぶ長い顎を甲殻類（サクラエビなど）の触角にひっかけて捕食します。赤い腹部（獲物の色）の個体もよく採集されます。浅い場所に豊富にいる獲物を食べるため日周鉛直移動を行います。仔魚はレプトセファルス幼生です。

特徴

　体は非常に長く、糸状の尾部を除き側扁し、体の中ほどで最も高くなります。細長く、先端が尖った両顎は反り返り、噛み合わせることができません。眼は大きく、上顎と頭部背面の間を占めます。両眼間隔域の背面は少し凹みます。肛門は胸鰭の真下にあります。腹鰭はありません。背鰭は胸鰭基部より前から、臀鰭は後ろから始まります。鱗はありません。体側には小さい孔が規則的に並んでできた側線があります。生きている時は薄い灰

色から褐色で、脊椎骨がやや透けて見えるような透明感があり、両顎、吻と体の腹側は暗色です。全長で最大1.4 mくらいになります。

【標本】NSMT-P 92279

仲間

　シギウナギ属は世界に3種が知られ、日本にはシギウナギのみ生息します。

豆知識

　属名のネミクチスは「糸のような魚」という意味です。
　シギウナギは脊椎動物の中で脊椎骨の数が最も多く、750個以上あります。
　シギウナギ科は、一生に1回だけ繁殖します。オスは成熟すると、長い両顎と歯が消失します（COLUMN 1参照）。姿が劇的に変わるので、最初に発見されたシギウナギのオスの成熟個体は、シギウナギ科の新属新種と間違われて発表されました。

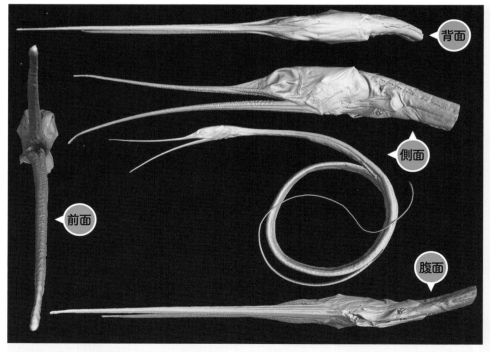

背面

側面

前面

腹面

【標本】NSMT-P 81487

全長56.3 cm

CTからわかること

歯骨は長くて大きいです。前上顎・篩鋤骨、主上顎骨と歯骨には小さい円錐歯があり、集まって歯帯になります。左右の前頭骨は癒合して1つになり、その直後にある頭頂骨にも癒合しているように見えます。擬鎖骨は細長く、小さいです。主鰓蓋骨は三角形で、小さいです。

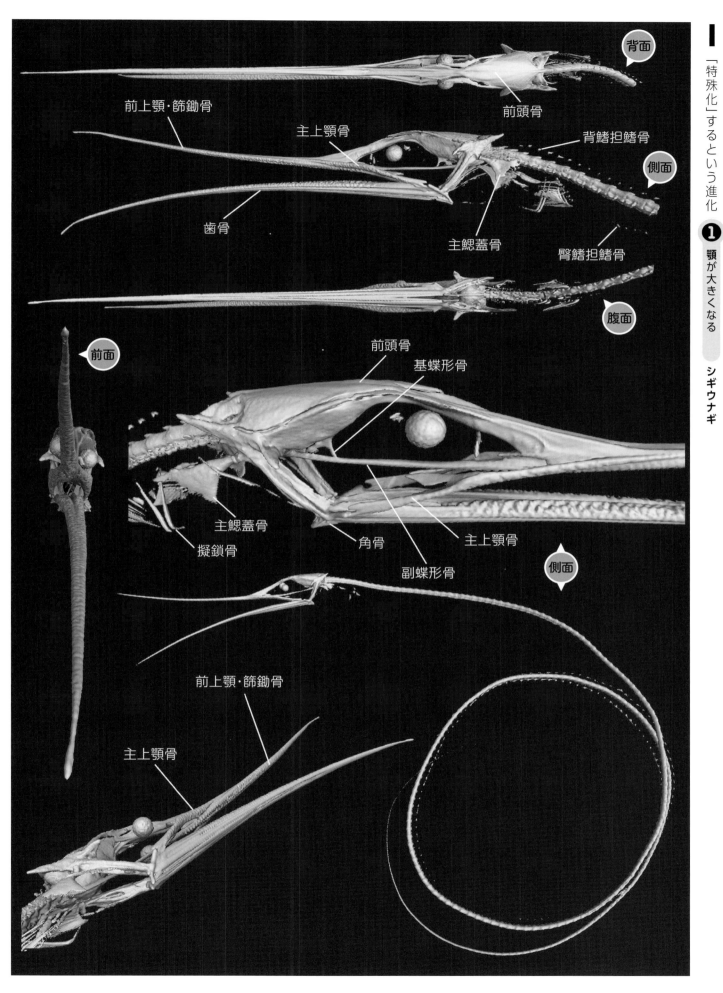

背面

前頭骨

前上顎・篩鋤骨

主上顎骨

背鰭担鰭骨

側面

歯骨

主鰓蓋骨

臀鰭担鰭骨

腹面

前面

前頭骨

基蝶形骨

主鰓蓋骨

擬鎖骨

角骨

副蝶形骨

主上顎骨

側面

前上顎・篩鋤骨

主上顎骨

目の前にある
キバ

❶ ホウライエソ

顎が大きくなる

●学名：*Chauliodus sloani* Bloch and Schneider, 1801
●学名の読み方：チャウリオーダス・スローニィ
●学名の意味：スローン氏のチャウリオーダス
（＝ホウライエソ属）
●系統学的位置：ワニトカゲギス目ホウライエソ科ホウライエソ属

【標本】NSMT-P 130182

生態

　主に水深500〜1,000 mの深海中層域に生息します。まれに200 mにも出現し、深い場所では4,700 mから採集された例もあります。日本ではオホーツク海、北海道〜沖縄県の太平洋に、海外では南シナ海を含む太平洋、インド洋および大西洋に分布します。甲殻類や小魚を捕食します。背鰭の第1軟条は糸状に伸び、その先端の発光器で獲物を口の前におびき寄せます。頭を後方に大きく反らすことで、口を大きく開くことができます。

特徴

　体は細長く、側扁します。頭は大きく、眼が吻端近くにあります。両顎には大きな犬歯状歯があり、下顎の最前方のものが最大です。頭部と体の腹面には発光器があり、下顎の先端から胸までは1列、腹部から尾部までは2列に並びます。背鰭は体の前方、臀鰭は後方にあります。脂鰭が臀鰭の上方にあります。胸鰭と腹鰭は比較的大きいです。標準体長で最大35 cmくらいになります。

生きている時は、黒色の縁辺部をのぞき体側には銀色の亀甲模様があり、頭部は銀色の頬部以外はほぼ黒色です。

仲間

　ホウライエソ属は世界に9種が知られています。日本にはホウライエソの他に、ヒガシホウライエソが生息しています。

豆知識

　種の学名のスローニィはイギリスの医師で収集家だったハンス・スローンに由来します。スローンが集めた標本が、大英博物館の貴重な所蔵品の基礎になりました。
　両顎の牙状の犬歯状歯は獲物を刺して捕えるために使われます。しかし、下顎を下げるだけでは口が十分に開きません。ホウライエソは頭を後ろに反らして口を大きく開けます。頭蓋骨の直後に脊椎骨がないことで柔軟性を得ています。

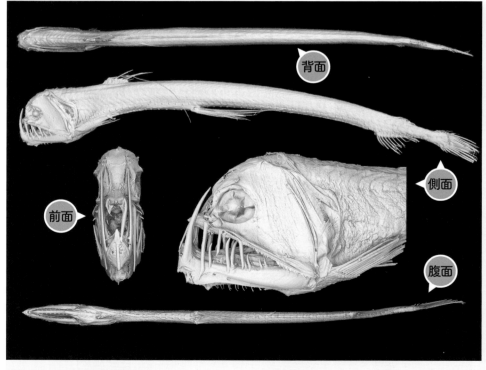

【標本】NSMT-P 130182　　　標準体長：16.4 cm（全長17.6 cm）

CTからわかること

頭蓋骨の直後には脊椎骨がなく、脊椎骨数個分に相当する神経棘や肋骨だけがあります。主上顎骨には針状の小さい歯が並びます。前上顎骨と歯骨には牙状の犬歯状歯があります。下顎にヒゲはありません。鰓条骨は細く短く、十数本あります。上神経棘があります。肩帯の骨は細長く、擬鎖骨はしっかりしています。腰骨は大きいです。

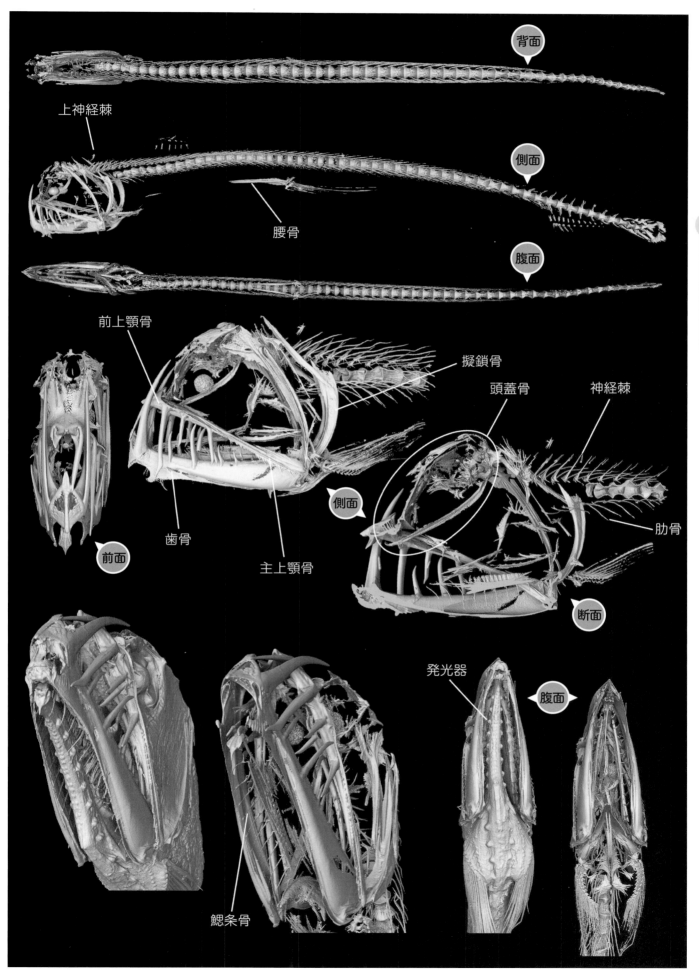

背面

側面

腹面

上神経棘

腰骨

前上顎骨

擬鎖骨

頭蓋骨

神経棘

歯骨

前面

側面

主上顎骨

断面

肋骨

発光器

腹面

鰓条骨

ホウキボシエソ

- ●学名: *Photostomias liemi* Kenaley, 2009
- ●学名の読み方:フォトストミアス・リエミイ
- ●学名の意味: リエム氏のフォトストミアス(=ホウキボシエソ属)
- ●系統学的位置:ワニトカゲギス目ホウキボシエソ科ホウキボシエソ属

深海の
赤い彗星

【標本】HUMZ 219286（北海道大学所蔵）

生態

中深層～漸深層に生息し、遊泳します。日本では東北地方太平洋沖に、海外では西～中央太平洋の熱帯域に分布しています。眼の近くに赤い発光器をもち、サーチライトとして使います。飛び出す下顎で甲殻類や魚類を捕食します。

特徴

体はやや細長く、側扁します。頭は大きく、吻は尖りません。下顎の腹面は空いています。舌と下顎縫合部をつなぐ1本の筋肉の束以外に、下顎腹側には皮膚や他の筋肉がありません。背鰭は体の後方にあり、臀鰭はその真下にあります。胸鰭はありません。体に鱗がありません。眼下の発光器は赤くて大きいです。生きている時の体色は黒で、鰭は半透明です。標準体長で最大15 cmくらいになります。

仲間

ホウキボシ属は世界に6種が、日本にはホウキボシエソとホタルビホウキボシエソの2種が分布しています。

豆知識

種の学名のリエミイは、ハーバード大学比較動物学博物館のカレル・F・リエムに由来します。魚類の機能形態学で有名です。

属名のフォトストミアスは、「光のストミアス(=ワニトカゲギス属)」という意味です。ホウキボシエソ属は、眼の後方に赤い発光器をもちます。この発光器は、サーチライトのように獲物を照らし出すと考えられています。深海生物のほとんどの種は赤色（の波長）を感知する能力を失っていますが、ホウキボシエソの眼は赤色が見えます。獲物に気づかれない赤い光で照らし、発見した獲物を食べます。さらに頭を反らせて、下顎を前に飛び出させることができます。左右の下顎骨をつなぐ膜や筋肉がほとんどないので、水の抵抗もかかりません。

ホウキボシエソのホウキボシは「箒星（彗星）」のことで、赤い発光器のことを指していると思われます。

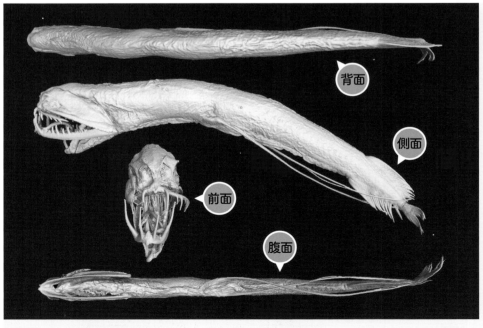

背面

側面

前面

腹面

【標本】NSMT-P 35436　　　標準体長:12.5 cm（全長13.4 cm）

CTからわかること

下顎は上顎より少し前に出ます。頭蓋骨と第1脊椎骨の間に空間があります。前上顎骨は口裂の半分くらいの長さで、針状の歯があります。主上顎骨は長く、櫛状の歯が並びます。歯骨は長いです。肩帯の骨（擬鎖骨、上擬鎖骨）は細くて華奢です。腰骨は小さいです。

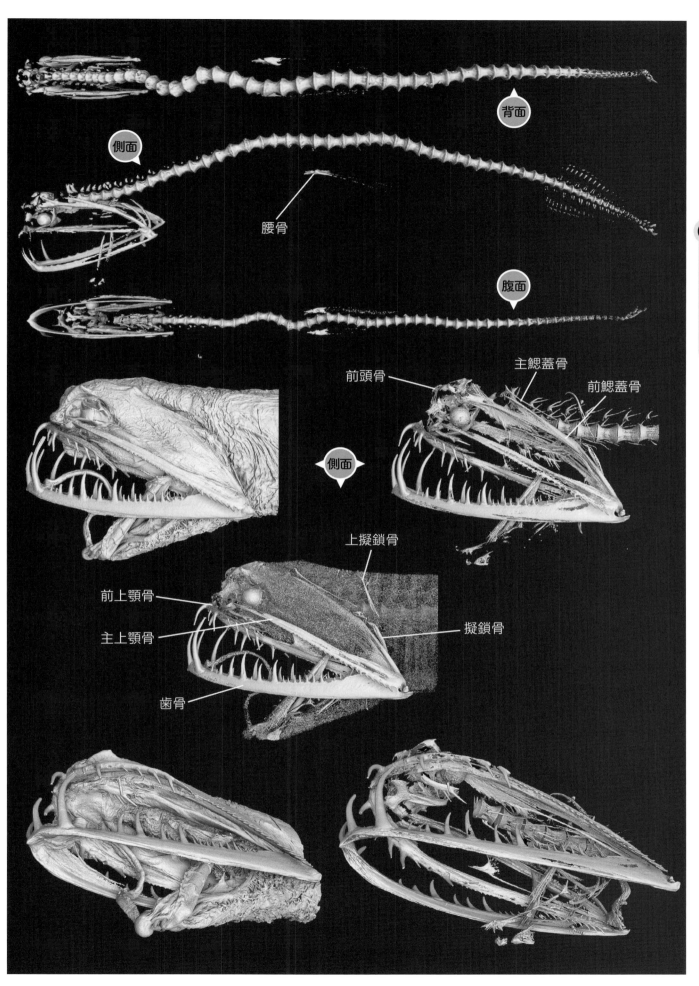

背面

側面

腰骨

腹面

前頭骨

主鰓蓋骨

前鰓蓋骨

側面

上擬鎖骨

前上顎骨

主上顎骨

擬鎖骨

歯骨

シンカイエソ

- ●学名：*Bathysaurus mollis* Günther, 1878
- ●学名の読み方：バシサウルス・モリス
- ●学名の意味：柔らかいバシサウルス（＝シンカイエソ属）
- ●系統学的位置：ヒメ目シンカイエソ科シンカイエソ属

深海の
白いトカゲ

【標本】NSMT-P 102092

生態

水深400 〜 4,903 mに生息し、2,500 m以深で多く見られます。日本では房総半島沖、小笠原諸島、琉球列島などに、海外では太平洋、インド洋、大西洋に分布しています。魚類や甲殻類を捕食しています。

特徴

頭は縦扁し、体は前半部が筒形、後半部が側扁します。吻は尖ります。眼は小さいです。口は大きく、下顎は上顎より少し前に出ます。両顎には湾曲する歯が多数並び、外側の歯は口から少し外にはみ出します。背鰭、臀鰭、胸鰭、腹鰭および尾鰭が大きいです。脂鰭があります。生きている時の体色は、黒っぽい鰓蓋や腹鰭、尾鰭の一部をのぞき、ほぼ白色です。成長すると標準体長で80 cmに達します。

仲間

シンカイエソ属にはシンカイエソとミナミシンカイエソの2種が知られ、日本にはシンカイエソ1種のみが分布しています。

豆知識

属名のバシサウルスは「深海のトカゲ」という意味です。体を泥底に浅く沈み込ませて、じっとしている姿が深海映像で知られています。待ち伏せ型の捕食者です。

シンカイエソは同時的雌雄同体で、オスとメス両方の生殖器官をもちます。普段は単独生活をしていますが、他の個体と出会った時に繁殖できるように進化したものと考えられています。

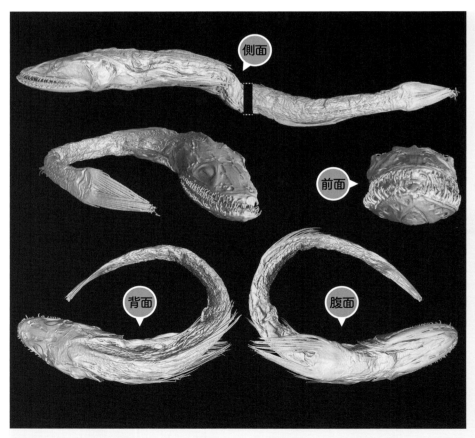

【標本】NSMT-P 102092　　　標準体長：30.2 cm（全長35.6 cm）

側面

前面

背面

腹面

CTからわかること

前上顎骨は細長く、腹面にはやや内側に曲がった細長い円錐歯が生え、上顎の大部分を占めます。主上顎骨は非常に小さく、2つに分かれ、吻と口裂の後端近くにそれぞれあります。上神経棘があります。口蓋骨は前上顎骨のすぐ内側にあり、前上顎骨と同様の歯が並びます。歯骨は大きく、前上顎骨と同様の歯が密に並びます。前鰓蓋骨は上部が細く、下部が膨らみます。腰骨は三角形で、左右の要素は離れます。肋骨と肉間骨があります。

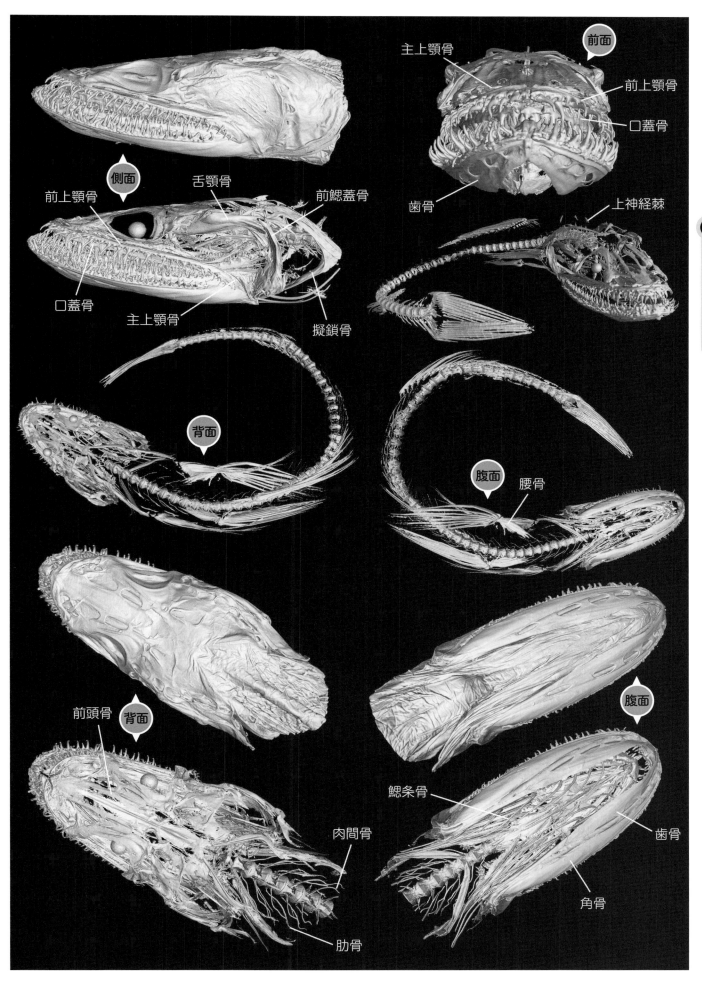

前面
主上顎骨
前上顎骨
口蓋骨
歯骨

側面
前上顎骨
舌顎骨
前鰓蓋骨
口蓋骨
主上顎骨
擬鎖骨

上神経棘

背面

腹面
腰骨

背面
前頭骨
肉間骨
肋骨

腹面
鰓条骨
歯骨
角骨

❶ カガミダイ

顎が大きくなる

- ●学名：*Zenopsis nebulosa*
  （Temminck and Schlegel, 1846）
- ●学名の読み方：ゼノプシス・ネブローサ
- ●学名の意味：曇った模様のゼノプシス（＝カガミダイ属）
- ●系統学的位置：マトウダイ目マトウダイ科カガミダイ属

> 金属光沢のニンジャ

【標本】BSKU 92583（高知大学所蔵）

生態

水深800ｍまでに生息し、主に水深160〜260ｍに棲んでいます。日本では北海道〜九州の太平洋、日本海、東シナ海などに、海外では朝鮮半島、東シナ海〜南シナ海北部、マウイ島、オーストラリア、ニューカレドニア、ニュージーランドなどに分布しています。口が前方上向きに飛び出し、獲物を捕えます。

特徴

体は平べったく、左右から押しつぶされた形（側扁形）をしています。口が大きく斜め上を向いています。背鰭棘条間の皮膜と腹鰭軟条が伸びています。体側に鱗はありませんが、背鰭、臀鰭の根元と腹部の縁には骨質の棘状板が並びます。背鰭の棘間の皮膜は糸状に伸びます。若魚は銀色の体をしていますが、成長すると灰色になります。標準体長で最大55ｃｍくらいになります。

仲間

カガミダイ属には5種が知られています。日本には2種が分布しています。

豆知識

上下対称の背鰭の軟条部と臀鰭を小刻みに震わせて器用に泳ぐ（ホバリングする）ことができます。素早い遊泳をしている時には、大きな腹鰭を広げて急停止や急転回をします。

カガミダイのカガミは銅鏡が由来で、体の形と色がそれを連想させます。漢字では「鏡鯛」と書きます。若魚の体は銀メッキのように反射し、姿を環境の中に隠すのに役立ちます。

属名のゼノプシスは、ゼン（ゼウス神の異名）とオプシス（-opsis）を合成した名前で、「ゼウスに似たもの」という意味になります。

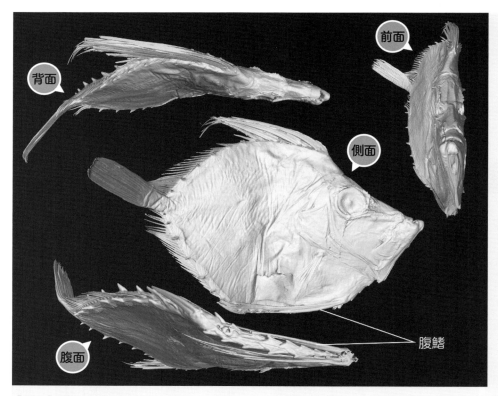

背面　前面　側面　腹面　腹鰭

【標本】NSMT-P 93564　　　標準体長：11.3 cm（全長12.4 cm）

CTからわかること

前上顎骨の上向突起が長く、上顎の骨が頭蓋骨の前縁を滑って前に出ます。背鰭棘条を支える担鰭骨は板状です。腰骨は体軸に対して垂直に位置しています。肩帯の骨はしっかりしています。腹椎骨の後半腹側には板状の横突起があります。肋骨があります。臀鰭の第1担鰭骨は太く、しっかりしています。

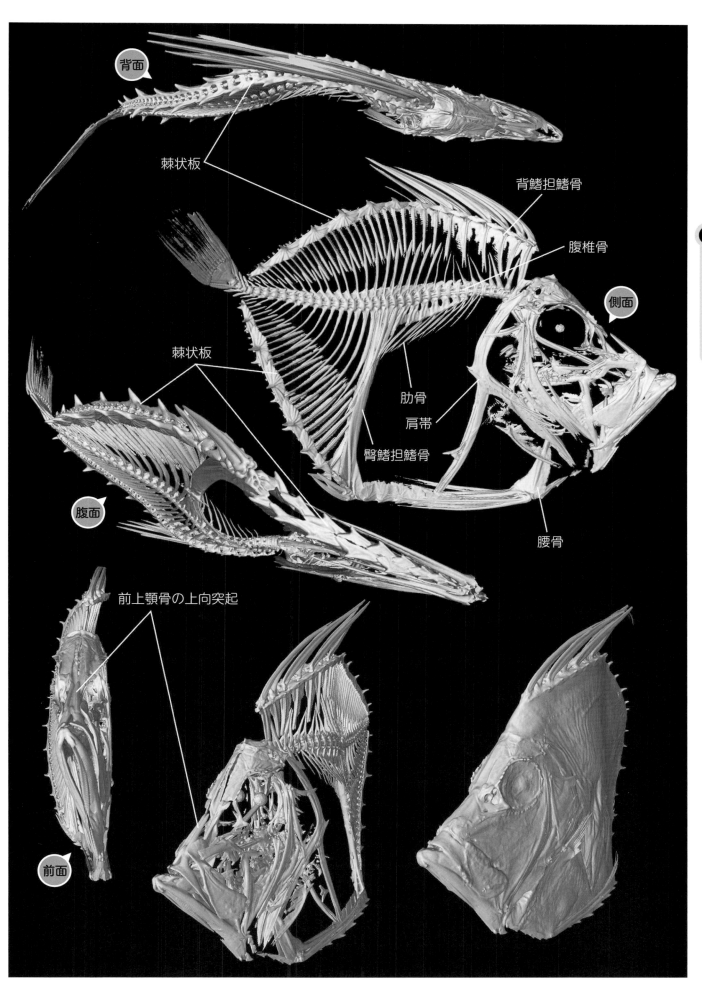

背面

棘状板

棘状板

背鰭担鰭骨

腹椎骨

側面

肋骨

肩帯

臀鰭担鰭骨

腹面

腰骨

前上顎骨の上向突起

前面

マダラ

まだら模様の
タラ

- 学名：*Gadus macrocephalus* Tilesius, 1810
- 学名の読み方：ガドゥス・マクロセファルス
- 学名の意味：大きな頭のガドゥス（＝マダラ属）
- 系統学的位置：タラ目タラ科マダラ属

【標本】NSMT-P 76166

生態

　大陸棚〜大陸斜面に生息し、最深記録は1,300 m付近ですが、主に水深150 〜 250 mに高い密度でいます。日本では茨城県以北の太平洋側と山口県以北の日本海側、北海道周辺に、海外では朝鮮半島から北アメリカのカリフォルニア州まで広く生息します。魚類、頭足類（イカ・タコ類）、甲殻類などを食べます。

特徴

　頭は大きく、吻が少し尖ります。背鰭は3つ、臀鰭は2つに分かれます。下顎の先端に1本のヒゲがあります。大きな獲物を食べると腹部の皮が伸びます。生きている時には腹側が白色で、背側には茶褐色のまだら模様があります。寿命は8年ほどで、最大で全長1.2 m、体重20 kgになります。

仲間

　マダラ属は世界に3種います。日本にはマダラのみ生息します。日本周辺では、スケトウダラやコマイが同じタラ科です。マダラやスケトウダラが深海性で大型になるのに対し、コマイは浅海性で小型です。

豆知識

　マダラの語源は体のまだら模様ですが、漢字で書く場合は、助惣鱈（スケトウダラ）に対して「真鱈」と書くことが普及しています。魚へんに雪と書くのは国産漢字で、北日本では雪が降る冬に産卵のために沿岸に集まり、大量に漁獲されることに由来します。

　「たらふく食べる」の「たらふく」は「鱈腹」と書き、マダラのように大食することを意味します。食べすぎた甲殻類の棘で胃が傷つけられ、胃潰瘍をわずらうこともあります。

　タラバガニは、タラのすみか（鱈場）にいるカニ（タラバガニは分類学的にはヤドカリの仲間）という意味で名づけられたという説が有力です。

　1958年にマダラ属のタイセイヨウマダラを主とする漁場をめぐってアイスランドとイギリスが国際紛争（タラ戦争）を起こしました。当時の東西冷戦を意味する「コールド・ウォー（Cold War）」にタラの英名をもじって「コッド・ウォー（Cod War）」と呼ばれています。

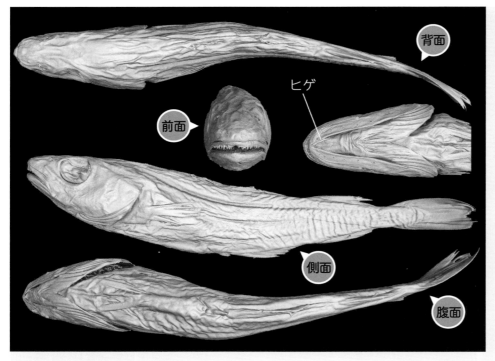

背面

ヒゲ

前面

側面

腹面

【標本】NSMT-P 101325

全長：13.0 cm

CTからわかること

前上顎骨の歯（上顎歯）は歯骨のもの（下顎歯）よりも少し大きく、数も多いです。腹椎骨の横突起は左右に広がり、鰾や内臓をおさめる広い空間をつくっています。尾鰭は脊椎骨の末端の尾鰭骨格と、その前の数十個の尾椎骨に関係する骨要素で支えられます。

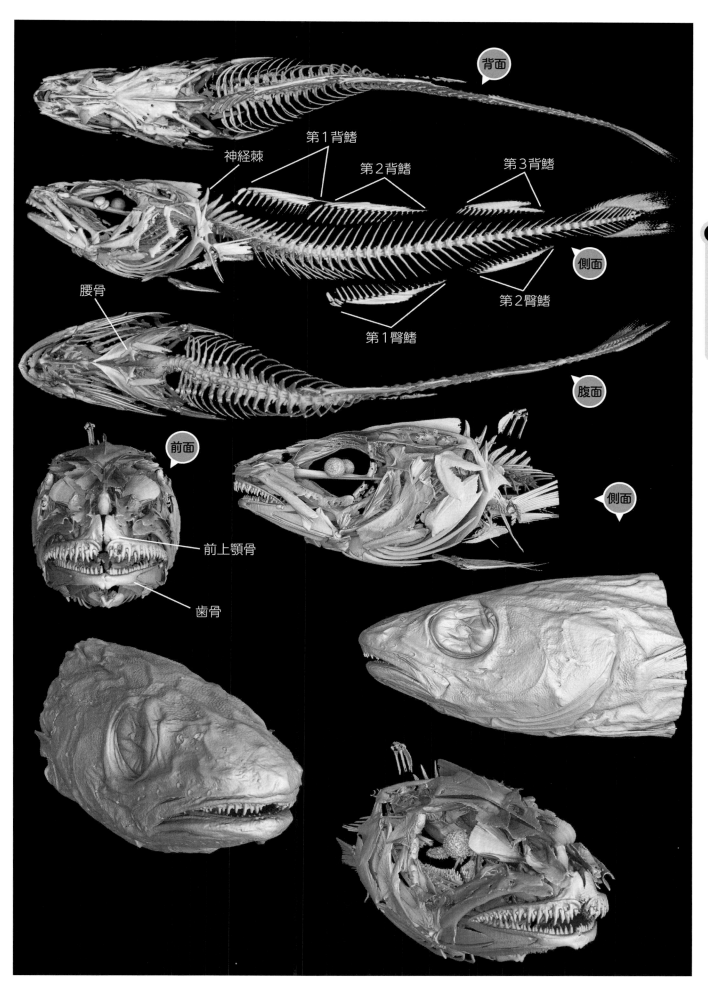

背面

第1背鰭

神経棘

第2背鰭

第3背鰭

側面

腰骨

第2臀鰭

第1臀鰭

腹面

前面

側面

前上顎骨

歯骨

❶ 顎が大きくなる

ウケグチザラガレイ

ペリカンのような顎

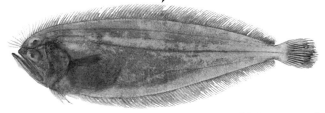

- 学名：*Chascanopsetta prognatha* Norman, 1939
- 学名の読み方：チャスカノプセッタ・プログナッサ
- 学名の意味：(下)顎が前に出るチャスカノプセッタ（＝ザラガレイ属）
- 系統学的位置：カレイ目ダルマガレイ科ザラガレイ属

【標本】BSKU 95387（高知大学所蔵）

生態

水深500 m付近の砂泥底（さでいてい）に生息します。日本では駿河湾、土佐湾などに、海外ではモルジブに分布しています。甲殻類などを捕食しています。

特徴

体は側扁し、頭が大きいです。眼が大きく、両眼が左側の体側にあります。口裂が大きく、下顎の先端は上顎よりも前に出ます。背鰭、臀鰭、尾鰭がそれぞれよく発達し、境界がはっきりしています。胸鰭と腹鰭は小さいです。頭部や体に鱗はありません。生きている時は、体表の色素が少なく体の大部分が半透明ですが、内臓のある部位は透けずに暗い青色です。標準体長で最大30 cmくらいになります。

仲間

ザラガレイ属は日本に3種が分布し、世界には10種いると考えられています。

豆知識

「ウケグチ」は下顎の先端が上顎よりも前に出ていることを表しています。

ウケグチザラガレイを含むザラガレイ属の数種では、湾曲して下顎の腹面に皮状の袋をもつ種がいます。この特徴からザラガレイ属は、英名でペリカン・フラウンダーと呼ばれます。フラウンダー（Flounder）はカレイ目魚類の総称です。

ザラガレイ属の魚は体が水っぽく、柔らかいので、食用には向かないと考えられています。

CTからわかること　前上顎骨と歯骨は細長く、ほぼ長さいっぱいに歯が並びます。肩帯の擬鎖骨は大きく、弓状です。腰骨は小さく、腹鰭が喉の付近にあります。臀鰭の第1担鰭骨は弓状で、臀鰭が腹部の大部分をおおっています。4列の肉間骨があります。

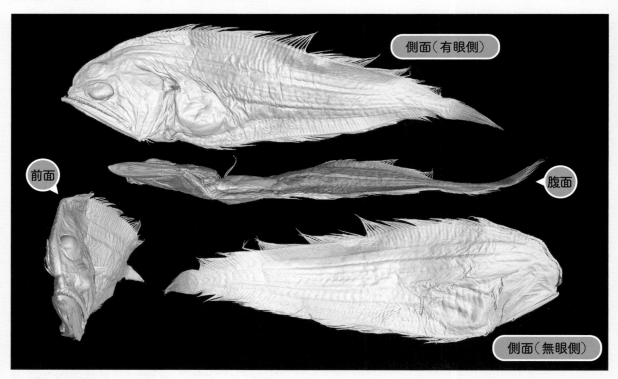

側面（有眼側）
前面
腹面
側面（無眼側）

【標本】NSMT-P 46520　　　　標準体長：14.6 cm（全長17.2 cm）

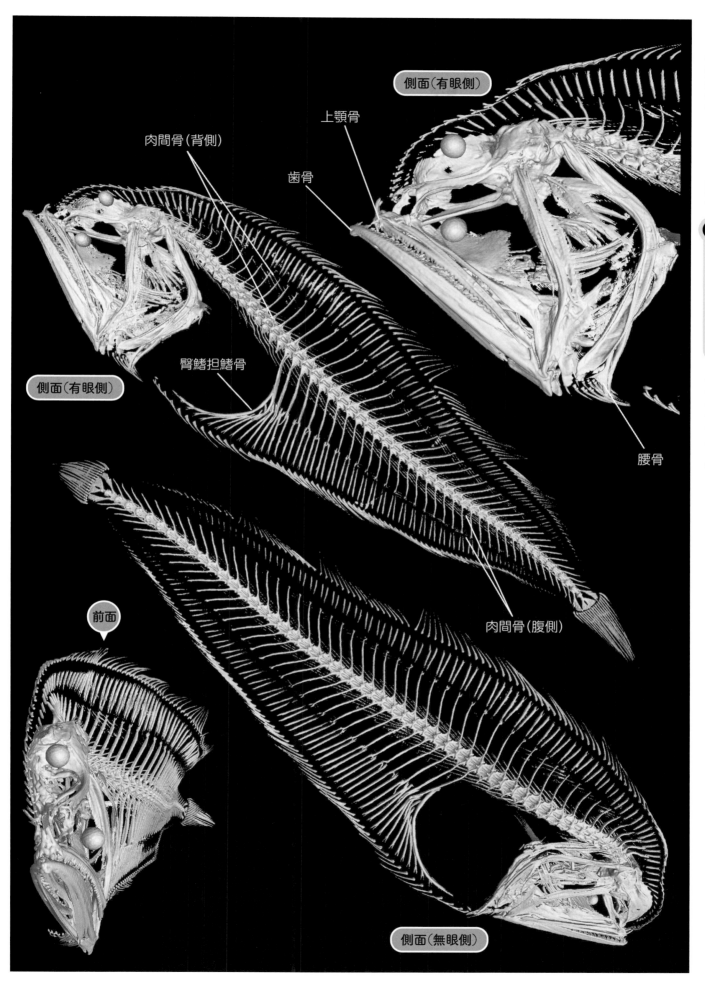

側面（有眼側）

上顎骨

歯骨

肉間骨（背側）

臀鰭担鰭骨

側面（有眼側）

腰骨

肉間骨（腹側）

前面

側面（無眼側）

ワニガレイ

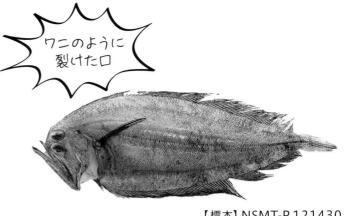

ワニのように裂けた口

●学名：*Kamoharaia megastoma*（Kamohara, 1936）
●学名の読み方：カモハライア・メガストマ
●学名の意味：大きな口のカモハライア（＝ワニガレイ属）
●系統学的位置：カレイ目ダルマガレイ科ワニガレイ属

【標本】NSMT-P 121430

生態

水深800mくらいまでの砂泥底に生息します。日本では高知県や東シナ海に、海外では韓国（済州島）、台湾、ベトナム、インドネシア、ニューカレドニア、オーストラリア北西部、マダガスカル島に分布しています。食性は不明ですが、少なくとも甲殻類を捕食しています。

特徴

体は楕円形で、側扁します。上顎、下顎の先端は吻より前に出ます。下顎の先端に曲がった犬歯状歯が3本（左右で6本）あります。胸鰭は細長いです。鱗は、有眼側と無眼側の両方にあります。生きている時の体色は、有眼側は茶褐色で、小さい黒い斑紋が散らばり、胸鰭が黒く、無眼側は乳白色です。標準体長で最大28cmくらいになります

仲間

ワニガレイ属は、ワニガレイ1種のみを含みます。

豆知識

属名のカモハライアは、高知大学の蒲原稔治に由来しています。ワニガレイを最初に発見した研究者です。親類や同姓の別人に感謝の意を表して学名をつけることはありますが、命名者本人と属名（命名者の姓に由来するカモハライア）が一致するのは珍しいケースです。ちなみに命名者と年代が丸カッコ書きで「（Kamohara, 1936）」となっているのは、もともと別の属名との組み合わせで、この種が新種として報告された歴史を示しています。1936年に発表された最初の学名はチャスカノプセッタ・メガストマ（*Chascanopsetta megastoma*）でした。

1940年に黒沼勝造（日本大学、後に東京水産大学）が、ワニガレイを詳しく調べた結果、チャスカノプセッタ（＝ザラガレイ属）ではないという結論に達し、新属としてカモハライアを設立して現在のような学名になりました。

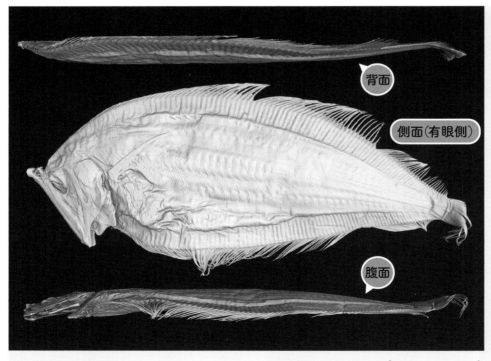

背面

側面（有眼側）

腹面

CTからわかること

頭蓋骨の鋤骨が口内に突出します。頭蓋骨は上下左右不対称です。前頭骨は両眼間隔域で細くなります。前上顎骨、主上顎骨と歯骨は細長いです。前鰓蓋骨は細長いです。腰骨は小さく、喉の位置にあります。肋骨と肉間骨があります。第1臀鰭担鰭骨は太く、湾曲します。このCT撮影個体の胃には、エビ類の体の一部が写っています。

【標本】NSMT-P 121430　　標準体長：22.5cm（全長26.0cm）

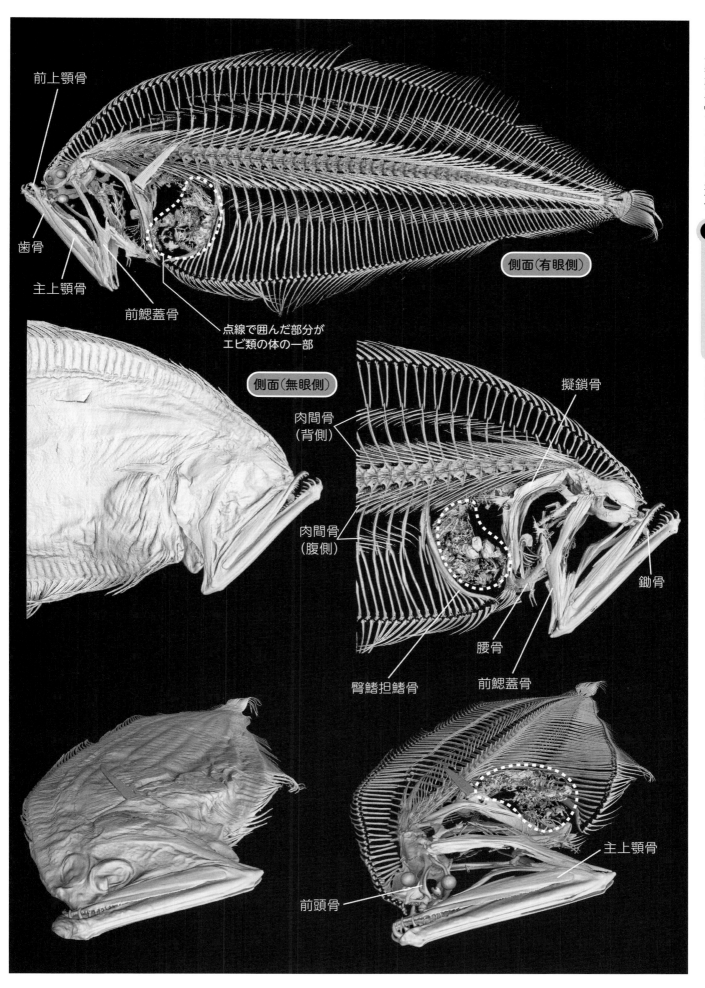

前上顎骨

歯骨

主上顎骨

前鰓蓋骨

点線で囲んだ部分が
エビ類の体の一部

側面(有眼側)

側面(無眼側)

擬鎖骨

肉間骨
(背側)

肉間骨
(腹側)

鋤骨

腰骨

臀鰭担鰭骨

前鰓蓋骨

前頭骨

主上顎骨

オニキンメ

- ●学名：*Anoplogaster cornuta*（Valenciennes, 1833）
- ●学名の読み方：アノプロガスター・コルヌータ
- ●学名の意味：ツノがあるアノプロガスター（＝オニキンメ属）
- ●系統学的位置：キンメダイ目オニキンメ科オニキンメ属

牙で口が閉じられない

【標本】NSMT-P 79566

生態

　水深100〜3,000 mの中層域に生息し、500〜2,000 mで比較的よく採集されます。太平洋、インド洋、大西洋の温帯域に分布し、日本では北海道〜東北地方から採集記録があります。魚類、甲殻類、頭足類(イカ類)などを食べています。体色は黒〜焦げ茶色で、深海の暗闇の中に姿を隠しています。両顎にある大きな牙状の犬歯状歯は獲物に一撃を与えて、失神させる役割があります。標準体長で最大16 cmくらいになります。

特徴

　頭部は骨と皮で占められています。眼は頭の前の方にあります。吻は突出しません。口は頭の3分の2ほどの大きさです。両顎には大きな牙状の歯がありますが、歯が大きすぎて、口を閉じることができません。脊椎骨の前半は神経棘が後ろに倒れ、後半は立ち上がり、血管棘とほぼ上下対称になります。肋骨があります。体は柔らかく、体表は小さい鱗におおわれています。鱗は皮膚にしっかりと固着しています。

仲間

　オニキンメ科は1属1種からなります。

豆知識

　オニキンメの「オニ」は見た目の恐ろしさからきていると思われます。丸い顔つきはブルドッグを連想させます。

　漢字では「鬼金目」と書きます。幼魚は額（頭蓋骨の一部）にツノのような突起をもちます。このツノは、小さい時に捕食者に食べられにくくするよう備わったもので、捕食者が口に入れた時に嫌な感じを与えて、吐き出させる役割があります。

　属名のアノプロは「武装していない」という意味で、ガスターは「腹部」を指します。牙状の歯以外は骨が薄くて軽く、身も柔らかく、体（特に腹部）が無防備なことに由来するものです。柔らかい筋肉をおおう皮膚は意外としっかりしており、目の粗いサンドペーパーのような手触り感があります。

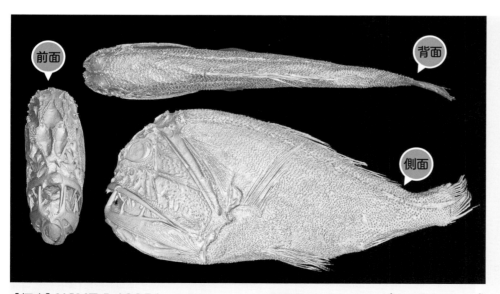

前面　背面　側面

【標本】NSMT-P 49051　　　標準体長：11.3 cm（全長12.4 cm）

CTからわかること

頭蓋骨を構成する骨は薄く、さらに両顎の歯と脊椎骨以外の骨は弱々しく華奢です。上顎と下顎には大きな牙状の犬歯状歯がまばらに並びます。側線は溝状です。骨密度は歯と脊椎骨以外は低いことがわかります。

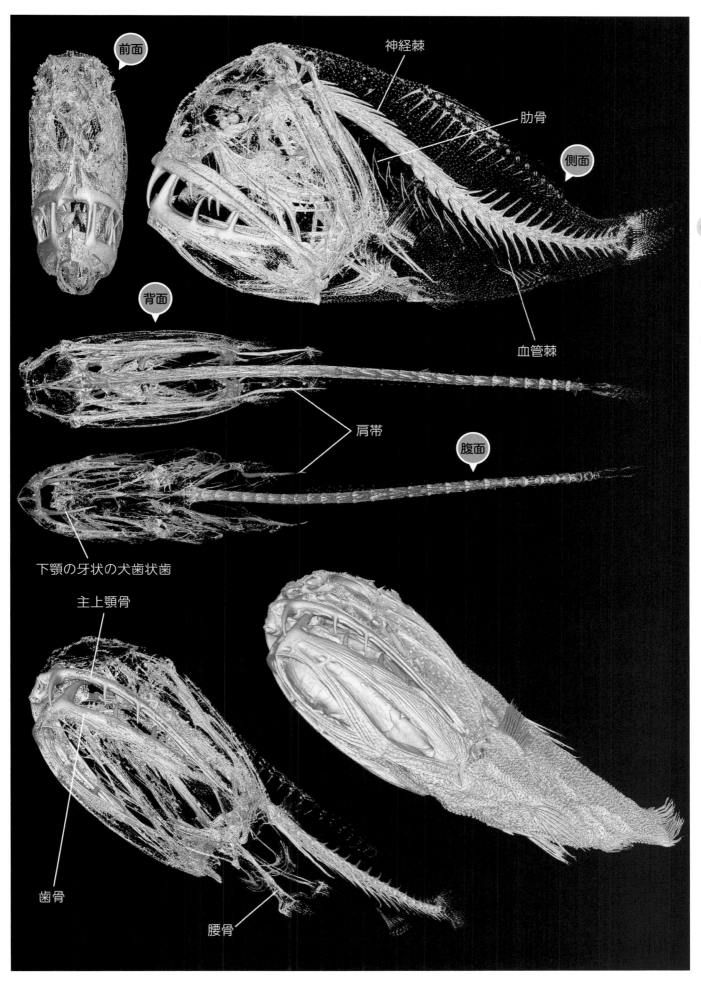

前面

側面

神経棘

肋骨

背面

肩帯

腹面

血管棘

下顎の牙状の犬歯状歯

主上顎骨

歯骨

腰骨

カゴカマス

● 学名：*Rexea prometheoides*（Bleeker, 1856）
● 学名の読み方：レキセア・プロメテオイデス
● 学名の意味：プロメテウスに類似したレキセア（＝カゴカマス属）
● 系統学的位置：サバ目クロタチカマス科カゴカマス属

【標本】NSMT-P 131361

深海の王族

生態

　水深135 〜 540 mの中深層〜底層に生息し、遊泳します。日本では相模湾から九州の太平洋、東シナ海および新潟県以南の日本海に、海外では朝鮮半島、台湾、南シナ海を含むインド西太平洋に分布します。魚類や無脊椎動物を食べています。

特徴

　体は長く、側扁します。吻は尖ります。眼は大きく、眼径は頭長の4分の1から5分の1です。下顎は上顎より前に出ます。両顎に鋭い犬歯状歯があります。腹鰭の棘条は0 〜 1本です。尾柄には背側と腹側にそれぞれ2つの小離鰭があります。尾鰭は大きく、後縁は二叉します。側線は胸鰭の後端よりも少し前で2本の分枝に分かれ、側線の上方にある分枝は第1背鰭後端をはるかに越え、下方にある分枝はほぼ体の中位を走り、尾鰭の付け根に達します。体側後半から尾柄は鱗でおおわれます。生きている時の体色は、金属光沢のある銀色です。背鰭前部と胸鰭後半には黒斑があります。背鰭棘条部と尾鰭は暗色で、後端が黒く縁取られます。標準体長で最大40 cmくらいになります。

仲間

　カゴカマス属は日本に2種、世界に7種が知られています。

豆知識

　種名のプロメテオイデスは、「プロメテウスに似て非なるもの」という意味ですが、ギリシャ神話のプロメテウスとの関連は不明です。プロメテウス（神）の名前の由来である「注意深い、あるいは警戒している」という意味と考える研究者もいます。いずれにしても、命名者が理由を明記しなかったので想像の域を超えません。また、プロメテオイデスとしているのは、かつてカゴカマスをクロシビカマス（学名はプロメイクチス・プロメテウス）と混同していたことに由来します。

　属名のレキセアは「支配者」という意味で、深海で上位にいる捕食者であることを示しています。

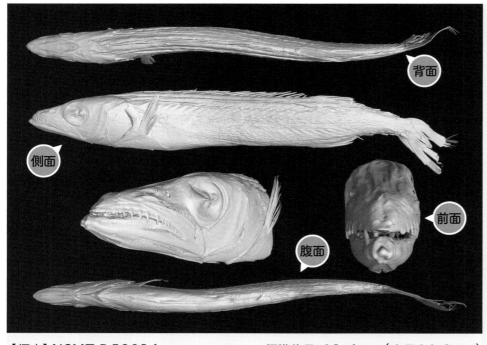

背面

側面

腹面

前面

【標本】NSMT-P 59836　　　　　標準体長：12.6 cm（全長14.8 cm）

CTからわかること

　上顎の先端近くや歯骨の中ほどに犬歯状歯があります。主鰓蓋骨は大きく、しっかりしています。肩帯の上擬鎖骨、擬鎖骨、烏口骨は大きく頑丈です。腰骨は細長く、小さいです。背鰭の棘条を支える担鰭骨は太く、前方の骨ほど板状になります。肋骨と肉間骨があります。

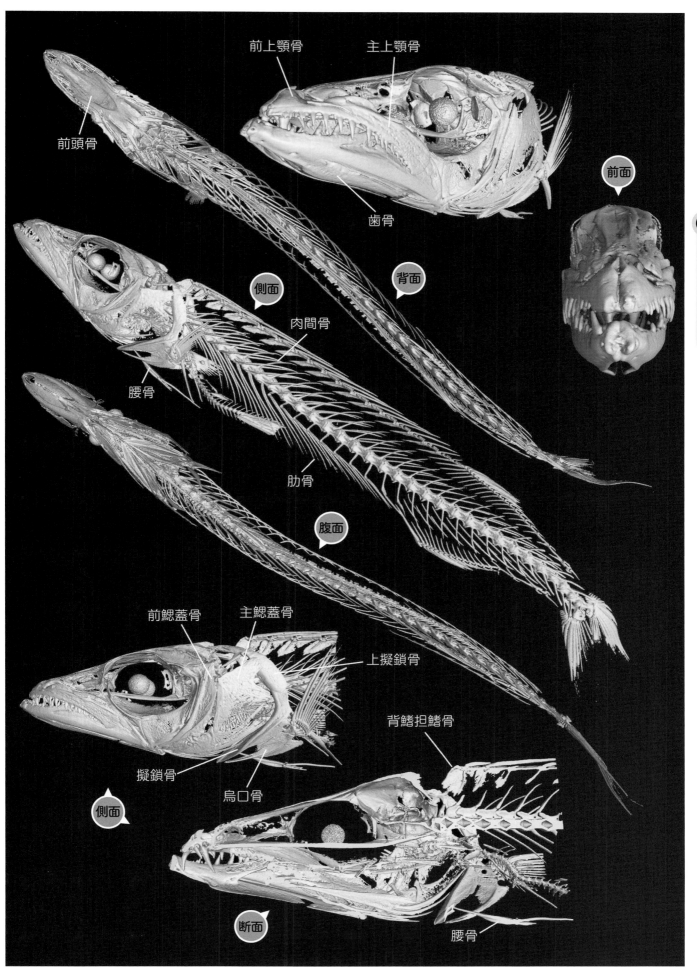

前頭骨

前上顎骨　　主上顎骨

歯骨

前面

側面

背面

肉間骨

腰骨

肋骨

腹面

前鰓蓋骨　　主鰓蓋骨

上擬鎖骨

背鰭担鰭骨

擬鎖骨

烏口骨

側面

断面

腰骨

ミナミワニギス

- 学名：*Champsodon longipinnis* Matsubara and Amaoka, 1964
- 学名の読み方：チャンプソドン・ロンギピンニス
- 学名の意味：長い鰭のチャンプソドン（＝ワニギス属）
- 系統学的位置：スズキ目ワニギス科ワニギス属

砂に隠れるクロコダイル

【標本】NSMT-P 79968

生態

水深250 mまでの大陸棚に生息し、日本では愛知県、三重県、土佐湾、奄美大島などに、海外では韓国、東南アジア諸国やオーストラリアに分布します。頭や体を砂に隠して、獲物を待ち構えます。特に甲殻類や小型魚類を捕食します。

特徴

吻は尖ります。眼は頭部背縁から少し飛び出します。口は大きく、下顎は上顎よりも少し前に出ます。両顎の歯は長く、釘のような形で、口腔側に倒すことができます。舌にも同様の形の歯があります。胸鰭は小さく、腹鰭は長く、その後端は肛門に達します。体は皮膚に固着した変形鱗におおわれ、紙やすりのようになっています。頭部と体は銀色です。第1背鰭と尾鰭の一部は黒色です。標準体長で最大14 cmくらいになります。

仲間

ワニギス属は世界に13種知られています。そのうち4種は日本にも分布しています。

豆知識

種名のロンギピンニス（長い鰭）は、長い腹鰭を指します。属名のチャンプソドンは「クロコダイルの歯」という意味です。

ワニギス属の長い下顎や背側に偏っている眼は、砂に潜って狩りをするために進化したものと考えられます。

また、ワニギス属の体には、1本につながった側線（管器）の代わりに、孔器と呼ばれる感覚器が全身に散らばっています。水の動きなどを敏感に感知する能力があります。

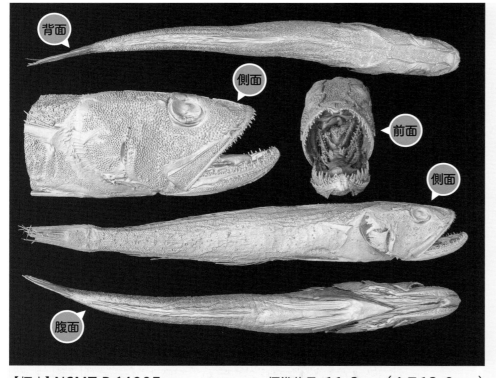

背面

側面

前面

側面

腹面

【標本】NSMT-P 64007 　　　標準体長：11.3 cm（全長13.0 cm）

CTからわかること

眼下骨では涙骨が大きく、その他は小さいです。前上顎骨は長く、上向突起は短いです。肋骨があります。前方数個の尾椎骨の側方突起はリング状です。腰骨は大きく、先端は擬鎖骨の間にあります。尾柄の脊椎骨の神経棘と血管棘は板状です。

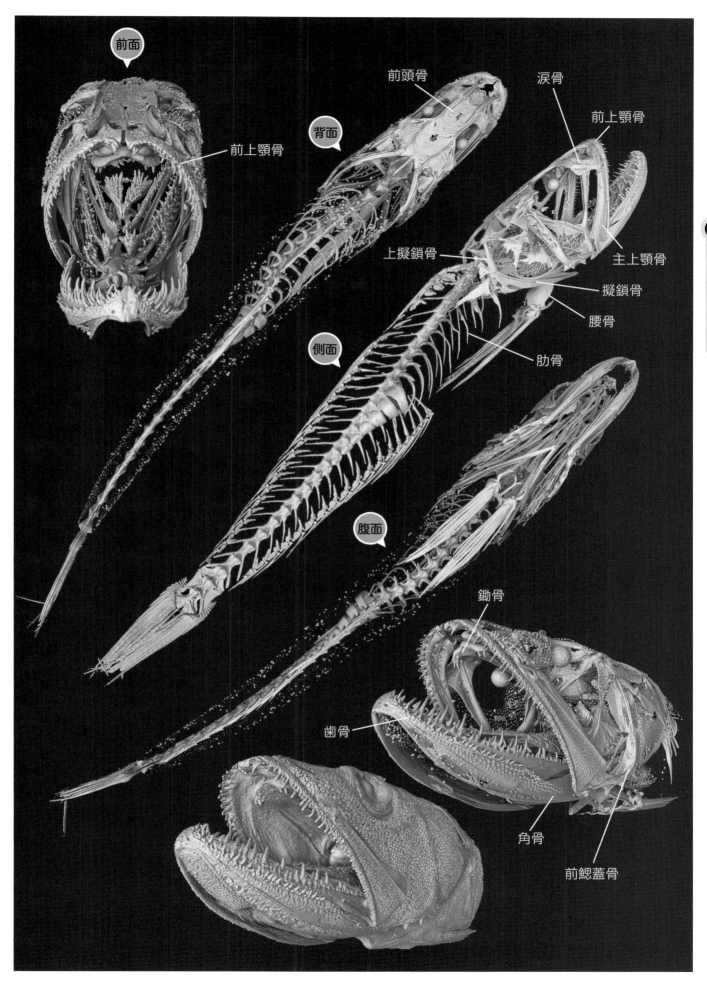

前面

前頭骨

涙骨

前上顎骨

前上顎骨

背面

上擬鎖骨

主上顎骨

擬鎖骨

腰骨

肋骨

側面

腹面

鋤骨

歯骨

角骨

前鰓蓋骨

コブシカジカ

● 学名：*Malacocottus zonurus* Bean, 1890
● 学名の読み方：マラココッタス・ゾヌルス
● 学名の意味：尾に帯のあるマラココッタス（＝コブシカジカ属）
● 系統学的位置：カサゴ目ウラナイカジカ科コブシカジカ属

トゲトゲしい頬(ほほ)

【標本】HUMZ 209327（北海道大学所蔵）

生態

水深200～2,000 mに生息し、日本の東北太平洋側・北海道オホーツク海側からベーリング海を経て、アメリカ・ワシントン州まで分布します。活発には泳ぎません。日本周辺では、深海トロール（底曳網(そこびきあみ)）漁で大量に獲れるので、生息数や密度は高いと思います。

特徴

頭が大きく、鰓蓋棘が発達します。口が大きいです。胸鰭は大きく、9～13本の軟条からなります。腹鰭は小さく、1本の棘条と3本の軟条からなります。背鰭は前後2つに分かれ、前の背鰭は、しなやかな棘条が8～9本あります。生きている時の体は暗褐色(あんかっしょく)で、背鰭、臀鰭などの鰭は黒色で、尾鰭には白色の横縞(よこじま)が入ります。各鰭の外縁は白い縁どりがあります。標準体長で最大20 cmくらいになります。

仲間

ウラナイカジカ科は世界に8属約35種います。そのうちコブシカジカ属は世界に約4種が知られ、北太平洋の北部に生息します。日本では、コブシカジカは太平洋側に、日本海側にはヤマトコブシカジカ（*Malacocottus gibber*：マラココッタス・ギバー）が生息します。

豆知識

コブシカジカは発達した側線（感覚器官）を頭部にもっているので、身の周りの水流の動きを感知する能力が高いと考えられます。

漢字では「拳鰍（または拳杜父魚）」と書きます。大きくて丸い頭が「げんこつ」を連想させます。

属名のマラココッタスのマラコは、ギリシャ語で「柔らかい」という意味で、コッタスはカジカ属のことを指します。

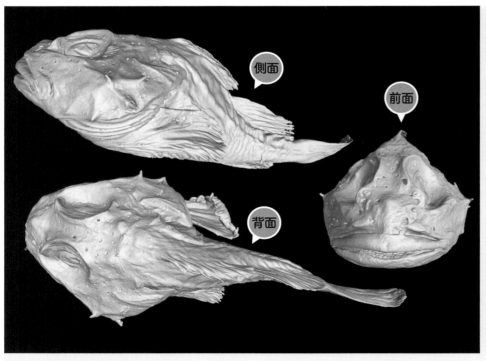

側面
前面
背面

CTからわかること

皮膚は柔らかいですが、骨格はしっかりしています。頭蓋骨の背面（前頭骨など）、眼下骨、前鰓蓋骨、歯骨には、溝と孔(あな)が発達して頭部側線管を支えます。肋骨が発達します。眼下骨棚の後端が前鰓蓋骨に固着し、頭が潰れにくくなっています。前鰓蓋骨の第2棘の付け根に、側方に張り出す小棘があります。

【標本】NSMT-P 48193　　標準体長：9.7 cm（全長12.2 cm）

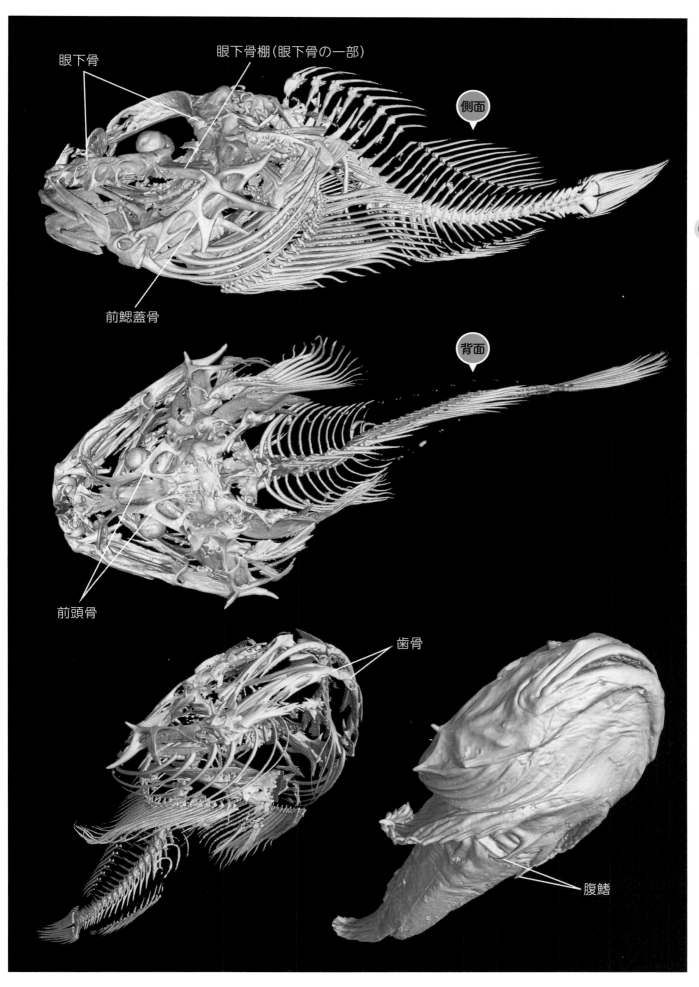

眼下骨

眼下骨棚（眼下骨の一部）

側面

前鰓蓋骨

背面

前頭骨

歯骨

腹鰭

アンコウ

- ●学名：*Lophiomus setigerus* Vahl, 1797
- ●学名の読み方：ロフィオムス・セティゲルス
- ●学名の意味：剛毛のあるロフィオムス（＝アンコウ属）
- ●系統学的位置：アンコウ目アンコウ科アンコウ属

海底にひそむ
大顎

【標本】NSMT-P 75897

生態

　水深500 mまでの砂泥底に生息します。北海道〜九州の太平洋岸、日本海、東シナ海、朝鮮半島、南シナ海を含むインド西太平洋に分布します。先端に擬餌状体（ルアー）が付いた非常に長い背鰭第1軟条を動かし、小魚などをおびき寄せて捕食します。両顎を含む口内の歯は喉の奥側に傾き、捕えられた獲物はその歯にひっかかってしまい、アンコウの口から脱出できません。メス個体の方が、オス個体よりも成長が早いです。

特徴

　体は縦扁形です。頭が幅広く、体の半分以上を占めます。口はとても大きく、三日月形をしています。大きい胸鰭をもちます。全長で最大40 cmくらいになります。口腔（下顎の歯の直後）には白い斑紋が複数あります。

仲間

　アンコウ属はアンコウ1種だけからなります。アンコウ科には、アンコウ属の他にキアンコウ属が知られ、世界に3種いることが知られていますが、日本ではキアンコウ（*Lophius litulon*：ロフィウス・リツロン）だけが生息しま

す。アンコウ属とキアンコウ属は形態だけでなく味も似ているため、区別せずに「アンコウ」とひとまとめにして流通することがあるようです。

豆知識

　伝統の解体法として、アンコウの下顎に綱を通して吊るし、体内に水を入れて回転させながらさばく「吊るし切り」があります。吊るし切りは、ヌルヌルしてそのままでは切りにくいアンコウの身をうまく調理するために発明された方法です。

　アンコウはキアンコウと比べると、味が少し劣るといわれています。市場ではアンコウを「クツアンコウ」、キアンコウを「ホンアンコウ」と呼ぶことがあります。

　属名のロフィオムスは、「ロフィウス（＝キアンコウ属）と同類」という意味です。

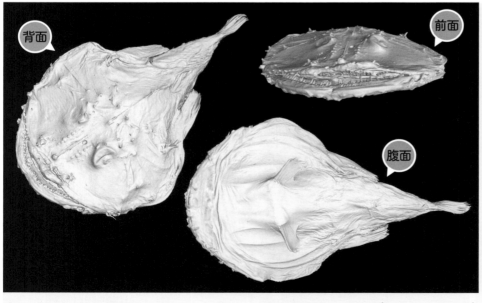

背面　前面　腹面

【標本】NSMT-P 69842　　　標準体長：11.2 cm（全長 14.9 cm）

CTから
わかること

　両顎の骨は大きく、左右方向に広がります。頭蓋骨の背面は多数の棘があります。肩帯の一部に複数の棘（＝上膊棘（じょうはくきょく））があります。肋骨はありません。腹鰭は体の腹面にあります。腹面は細長い鰓条骨の他、肩帯と腰骨で支えられています。

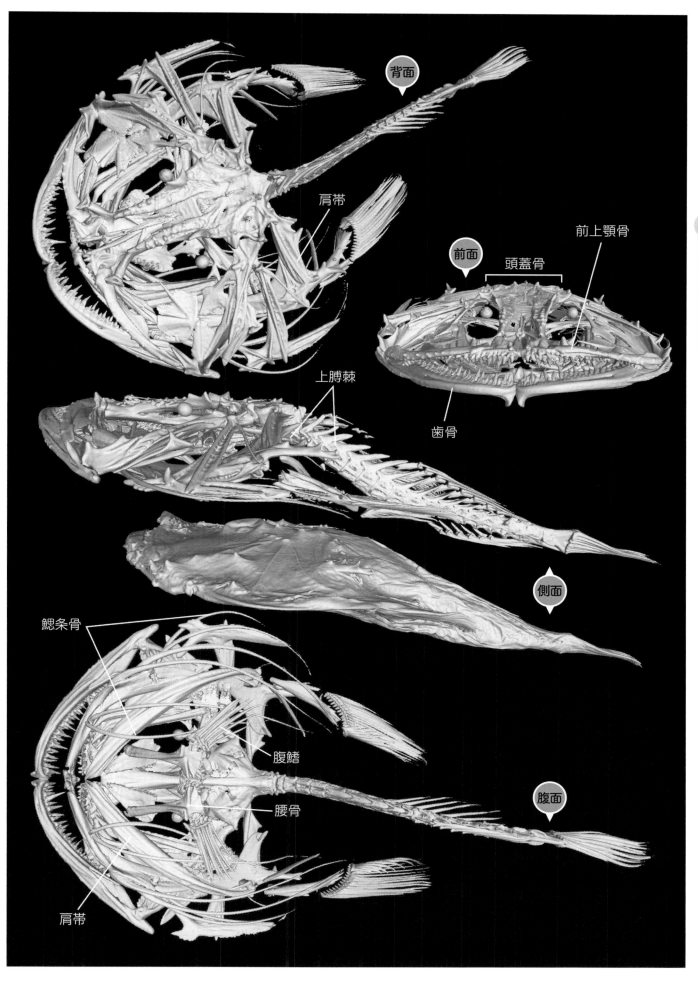

背面

肩帯

前面

頭蓋骨

前上顎骨

歯骨

上膊棘

側面

鰓条骨

腹鰭

腰骨

腹面

肩帯

53

ミドリフサアンコウ

- 学名：*Chaunax abei* Le Danois, 1978
- 学名の読み方：チャウナクス・アベイ
- 学名の意味：阿部氏のチャウナクス（＝フサアンコウ属）
- 系統学的位置：アンコウ目フサアンコウ科フサアンコウ属

海底の水風船

【標本】NSMT-P 76194

生態

水深500mまでの海底に生息し、あまり動かない姿が潜水艇のカメラなどで撮影されています。大きい胸鰭を海底につけて体を支えます。日本周辺（千葉県以南）〜東シナ海に分布しています。魚類や甲殻類を捕食します。威嚇のために水を大量に飲み、膨らみます。漁獲された時も興奮して水風船のようになります。

特徴

皮膚は柔らかく、大量の水分を含んでいます。体には黄色で縁取られた緑色斑が散在します。吻部に短いイリシウム（誘因突起）とエスカ（疑餌状体）があり、頭部背面の前方にあるくぼみの中におさまります。生きている時は、赤橙色の地肌の上に眼の大きさほどの緑色の斑点が散らばります。溝状の側線が頭部と体側の背面にあります。標準体長で最大30cmくらいになります。

仲間

フサアンコウ科は世界に2属26種、日本にはフサアンコウ属の3種が知られています。

豆知識

ミドリフサアンコウは、フサアンコウ属の中では深海トロール漁で比較的たくさん獲れ、アンコウやキアンコウの代用品として食用にもなります。

漢字では「緑総房鮟鱇」と書きます。緑色の斑紋がこの種を識別するのに一番わかりやすい特徴であることを示しています。

種の学名のアベイは、東海区水産研究所の阿部宗明に由来します。最後のiは「〜の」という意味です。研究に大きく貢献した人を讃えて個人の名がつけられることはよくありますが、姓だけでなく、名やフルネーム、さらにニックネームなどが採用されることもあります。個人名をつけることを「（その人に）献名する」といいます。

属名のチャウナクスは、ギリシア語で「ほら吹き」の意味です。大きな口が関係していると思います。

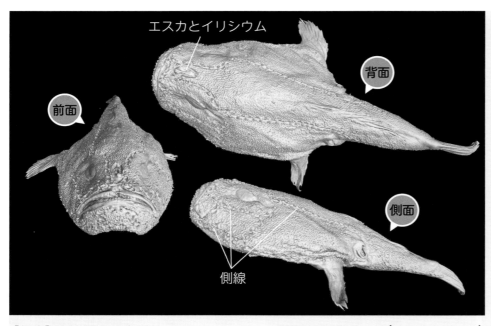

エスカとイリシウム

背面

前面

側面

側線

【標本】NSMT-P 46597　　　標準体長：9.0cm（全長11.6cm）

CTからわかること

頭蓋骨は小さくて華奢です。頭蓋骨に比べて、肩帯の一部の骨（擬鎖骨と上擬鎖骨）と脊椎骨がよく発達しています。肋骨はありません。両顎の歯を支える前上顎骨と歯骨は細長く、頭の先端に偏っています。

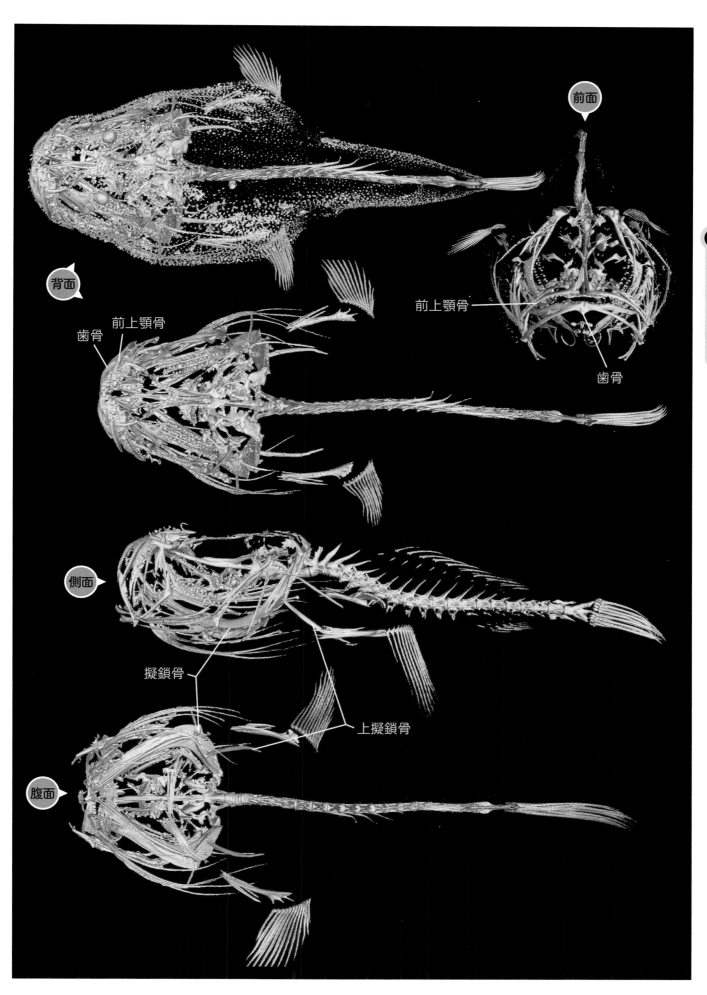

背面

前上顎骨
歯骨

前面

前上顎骨

歯骨

側面

擬鎖骨

上擬鎖骨

腹面

ペリカンアンコウ

- 学名：*Melanocetus johnsonii* Günther, 1864
- 学名の読み方：メラノケータス・ジョンソニィー
- 学名の意味：ジョンソン氏のメラノケータス（＝クロアンコウ属）
- 系統学的位置：アンコウ目クロアンコウ科クロアンコウ属

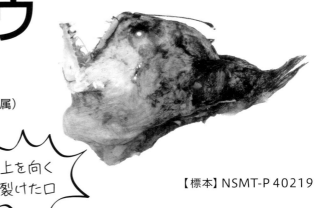

上を向く裂けた口

【標本】NSMT-P 40219

生態

　水深約4,500mまでの中深層に生息し、日本では本州東北地方の太平洋側や小笠原諸島（沖ノ鳥島）に、海外では東シナ海、南シナ海を含むインド太平洋、大西洋および南極海に分布します。遊泳性で、背鰭と尾鰭を波打たせて泳ぎます。魚類などを食べています。

特徴

　口は大きく、体軸（頭部と尾鰭を結ぶ直線）に対して直角に近い角度で開いています。眼は小さいです。イリシウムは長く、体長の3分の1以上あります。腹鰭はありません。生きている時は全身が黒色です。標準体長で最大18cmくらいになります（メス個体）。

仲間

　クロアンコウ属は世界に6種が知られ、日本にはペリカンアンコウとペリカンアンコウモドキの2種が生息します。

豆知識

　種の学名のジョンソニィーは、イギリスのナチュラリスト（自然を愛し観察する人）のジェームス・Y・ジョンソンに由来します。魚類をはじめ水生・陸生動物や植物・コケ類を研究し、他の研究者のために標本採集に努めました。ペリカンアンコウのホロタイプ（新種記載において一番大切な標本）を大西洋のマデイラ島で採集しました。

　ペリカンアンコウは、小さなオスが大きなメスの体にくっつきます（寄生性）。しかし、最初に発見されたオスは、ザラアンコウ（*Centrophryne spinuosa*：セントロフリュネ・スピヌローサ）のメスにくっついていました。ペリカンアンコウとザラアンコウ（ザラアンコウ科）の科をまたぐ異質のカップルでは雑種もできないと思いますが、チョウチンアンコウ類の繁殖生態を研究するうえで貴重な発見と考えられています。

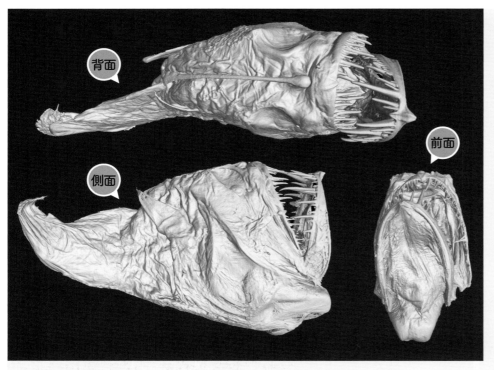

背面

側面

前面

CTからわかること

前頭骨は大きく、三叉形です。前上顎骨と主上顎骨は細長く、ほぼ同長です。前上顎骨と歯骨には牙状の犬歯状歯が並びます。肩帯の上擬鎖骨と擬鎖骨は大きいです。背鰭・臀鰭担鰭骨は細いです。鰓条骨は長く、頭部の腹面を支えます。肋骨や肉間骨はありません。

【標本】NSMT-P 40219　　　標準体長：6.9cm（全長11.2cm）、メス個体

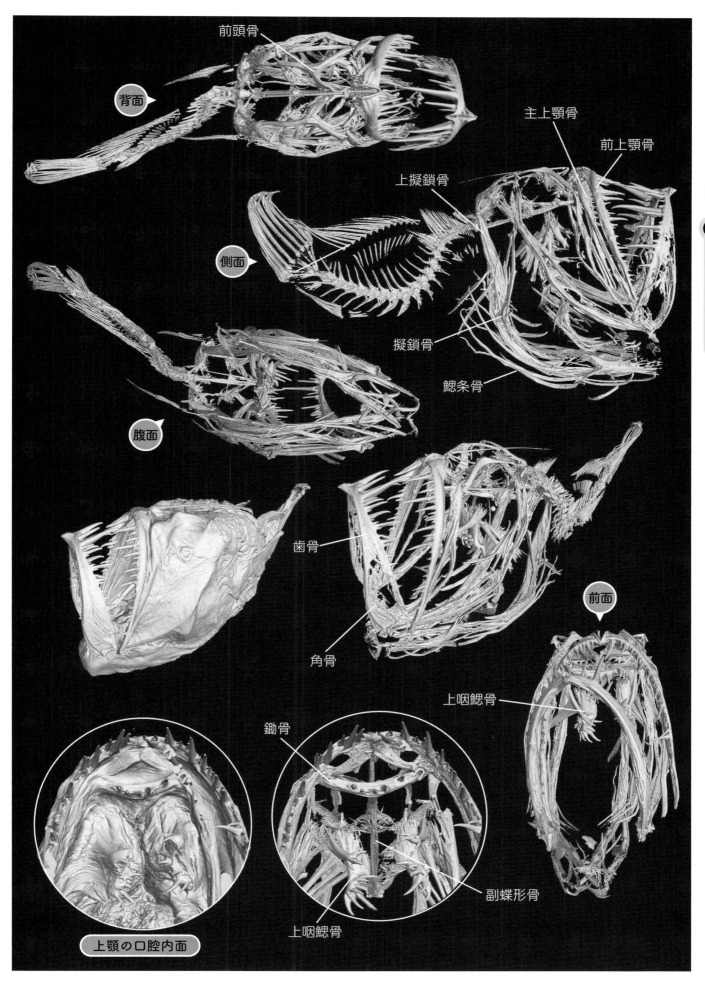

前頭骨

背面

主上顎骨

前上顎骨

上擬鎖骨

側面

擬鎖骨

鰓条骨

腹面

歯骨

角骨

前面

上咽鰓骨

鋤骨

上咽鰓骨

副蝶形骨

上顎の口腔内面

姿が大きく変わる種

卵から孵化した直後の個体を仔魚と呼びます。仔魚は鰭条が未発達で、成長する過程で定数になります。体色は透明で、色素が少ないことも特徴です。腹に卵黄をもっている場合もあります。稚魚は繁殖能力がまだありませんが、仔魚よりも繁殖能力がある成魚に似た姿をしています。

深海魚では、仔魚が成魚（親魚とも呼びます）の姿と非常に違う種が知られています。有名なのはミツマタヤリウオの仲間です。その仔魚の眼球は長い柄の先にあります。このような柄を眼柄と呼びます。ハダカイワシ類の仔魚でも眼柄をもつ種がいますが、ミツマタヤリウオ類ほど長いものはいません。眼柄をもつ仔魚はスチロフタルムス属（*Stylophthalmus*）というミツマタヤリウオ類やハダカイワシ類とは関係のない魚と考えられていました。眼柄は稚魚になる時に、本来あるべき場所の頭蓋骨の眼窩におさまります。眼柄は、広範囲にエサを探すのに有利といわれています。

オニキンメの稚魚は成魚と違って、頭頂部にツノが生えています。稚魚の方が鬼っぽい姿といえるかもしれません。このツノは捕食者に食べられない（食べられたとしても口の中を刺激して吐き出させる）ためと考えられています。

深海魚にはオスとメスで極端に大きさが違う種がいます。ミツマタヤリウオ類も、オスは成長してもメスの5分の1のサイズしかないことが知られています。最も大きさが異なるのはチョウチンアンコウ類でしょう。ビワアンコウのメスは全長で1mを超えますが、オスは大きくても15cm程度です。また、オスはメスの体に噛みつき、その後、オスの皮膚はメスとくっついてしまいます。オスはメスの血液から栄養を受け取ります。繁殖のチャンスを逸しないために進化した現象と考えられています。

オスとメスの違いは大きさだけではありません。チョウチンアンコウ類のオスは、体の大きいメスと出会うまでは単独で遊泳生活をしますが、同じサイズのメスと比べ、鼻の中にある匂いを感じる器官が大きくなります。暗黒の深海で、匂いを頼りにメスを探しています。

シギウナギはクチバシのような長い顎をもちますが、成熟したオスはクチバシがなくなります。オスは食事もしなくなり、繁殖だけで一生を終えます。

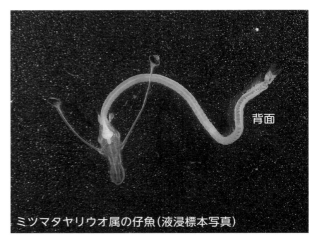

ミツマタヤリウオ属の仔魚（液浸標本写真）

背面

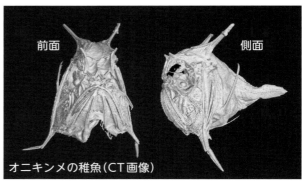

前面　側面

オニキンメの稚魚（CT画像）

オス

メス

ビワアンコウ（生鮮写真）

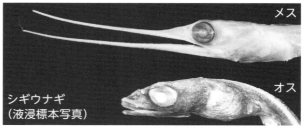

メス

オス

シギウナギ
（液浸標本写真）

I. 「特殊化」するという進化

❷ 眼が大きくなる

カゴシマニギス

●学名：*Argentina kagoshimae* Jordan and Snyder, 1902
●学名の読み方：アルジェンティーナ・カゴシマエ
●学名の意味：鹿児島（産）のアルジェンティーナ
（＝カゴシマニギス属）
●系統学的位置：ニギス目ニギス科カゴシマニギス属

大きな眼の
白身魚

【標本】NSMT-P 143504

生態

水深450 mまでの砂泥底に生息し、日本では房総半島から九州までの太平洋、兵庫県から九州の日本海および東シナ海に、海外では韓国の済州島、台湾に分布します。多毛類（ゴカイ類）やアミなどの小型甲殻類を食べています。

特徴

体は細長く、断面はやや正方形に近い形をしています。眼は大きいです。口は小さく、上顎は下顎よりも少し前に出ます。背鰭は体の前方に、臀鰭は尾鰭の近くにあります。胸鰭は体の側面ではなく腹面につきます。腹鰭は背鰭の真下にあります。脂鰭があります。尾鰭は二又します。頭部は暗色の背面をのぞいて銀色です。体側中位には太い銀色の帯があり、背側は灰色で輪郭のぼやけた暗色斑があり、腹側は白色です。標準体長で最大15 cmくらいになります。

仲間

カゴシマニギス属は世界で13種が知られ、日本にはカゴシマニギス1種のみが分布しています。

豆知識

ニギス（*Glossanodon semifasciatus*：グロサノドン・セミファスキアータス）と同様に、底曳網で漁獲されます。ニギスが本州の太平洋側や日本海側で大量に獲れ、メギスや沖ウルメの地方名があるのに対し、カゴシマニギスは九州の一部でしかまとまって獲れません。鹿児島県では食用です。

属名のアルジェンティーナは、「銀白色」という意味です。カゴシマニギス属は、腹腔や鱗が銀色である特徴からきています。

ニギスは漢字で「似鱚」と書きます。浅海性のキス科魚類と体形が似ていることに由来します。

背面

側面

腹面

【標本】NSMT-P 143504　　　標準体長：14.5 cm（全長16.9 cm）

CTから
わかること

眼下骨は板状です。眼球の前後に大きな強膜骨があります。前上顎骨、主上顎骨および歯骨は小さく、頭の先端に偏っています。前鰓蓋骨は後方がやや尖ります。主鰓蓋骨は大きく、楕円形で、その表面はなめらかです。腰骨は左右に幅広く、他のどの骨ともつながっていません。板状の上神経棘があります。肋骨の他、背側と腹側に肉間骨があります。

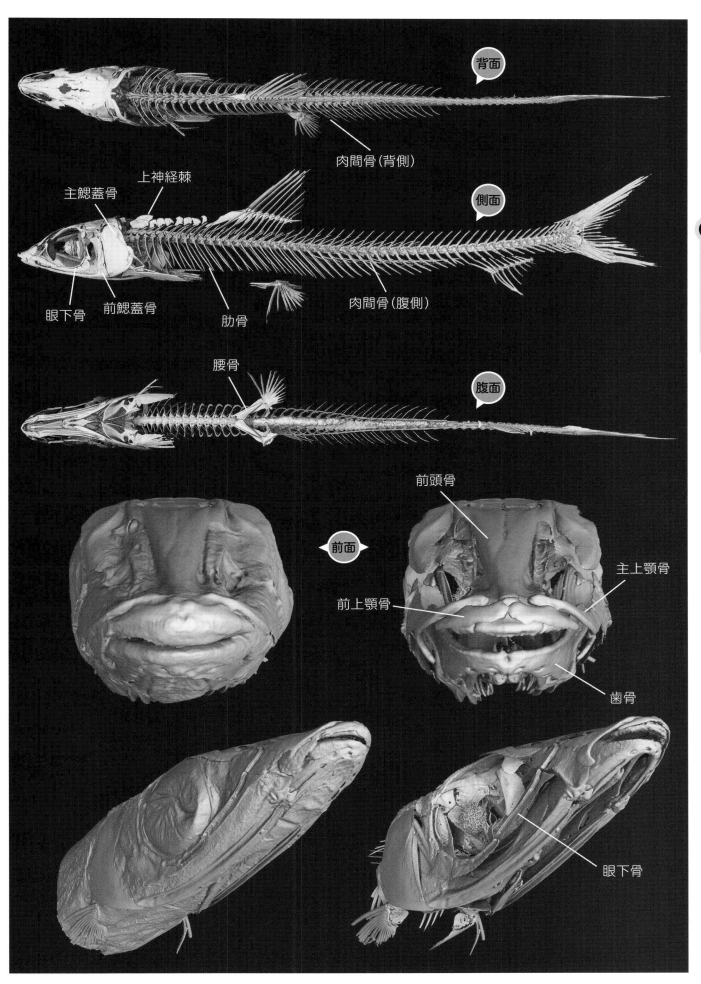

背面

肉間骨（背側）

上神経棘

側面

主鰓蓋骨

眼下骨　前鰓蓋骨　　肋骨

肉間骨（腹側）

腰骨

腹面

前頭骨

前面

前上顎骨

主上顎骨

歯骨

眼下骨

❷ デメニギス

ドームで守られた眼

●学名：*Macropinna microstoma* Chapman, 1939
●学名の読み方：マクロピンナ・ミクロストーマ
●学名の意味：小さな口のマクロピンナ（＝デメニギス属）
●系統学的位置：ニギス目デメニギス科デメニギス属

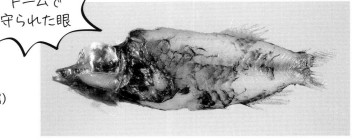

【標本】HUMZ 222518（北海道大学所蔵）

生態

　遊泳性で、水深約400～800mの中深層に生息し、日本では、茨城県以北の太平洋に、海外ではベーリング海を含む亜寒帯海域や北アメリカ大陸のバハ・カリフォルニア沖に分布しています。クラゲ類や小型魚類を食べています。

特徴

　体は短く、側扁します。眼は大きく、水晶体（レンズ）の根元は筒状になります。壊れやすいドーム状構造物が眼をおおっています。口は小さく、吻の先端にあります。背鰭と臀鰭は体の後方にあります。腹鰭は体の中位の高さにあります。腹鰭は体のほぼ中間にあります。皮膚は弱く、はがれやすいです。生きている時の体色は大部分が黒っぽく、尾鰭の後半は半透明で、頭のドームの部分は透明です。眼のレンズは緑色です。標準体長で最大15cmくらいになります。

仲間

　デメニギス属にはデメニギス1種のみが含まれます。

豆知識

　前方に突き出た小さい口と上を向いたままの眼で、どのように獲物を捕らえるのかは長い間「デメニギスのパラドックス（矛盾）」といわれてきました。この問題は2008年にアメリカの研究者らによって解決されました。透明なドームの中で、筒状の眼を口のある方向に倒して獲物を見ることができます。この透明なドームは刺胞動物の毒針から眼を保護する役目があると考えられています。

　筒状の眼の特徴から英名でバーレルアイ（Barreleye：樽状の眼）と呼ばれています。

　属名のマクロピンナは「大きな鰭」という意味で、胸鰭を指します。潜水艇による生体映像では、大きな胸鰭をユラユラさせながら泳いでいる姿が記録されています。

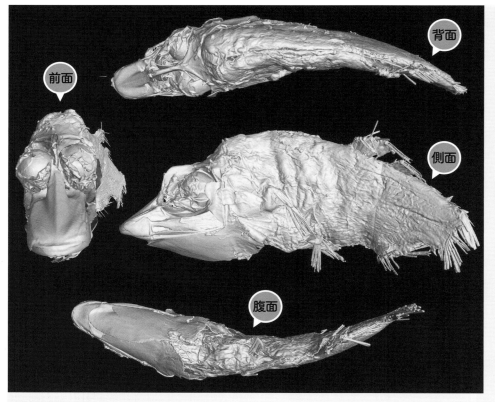

【標本】NSMT-P 58435　　　標準体長：9.4cm（全長10.0cm）

CTからわかること

前頭骨は両眼の間で非常に細くなります。鋤骨は前方が幅広くなります。両顎の骨は退化的で、前上顎骨はありません。頭部の腹面は幅広い前鰓蓋骨と間鰓蓋骨で保護されます。上神経棘があります。神経棘と血管棘は長く、背鰭・臀鰭担鰭骨は神経棘・血管棘に比べると短いです。腰骨は他の骨とはつながりません。

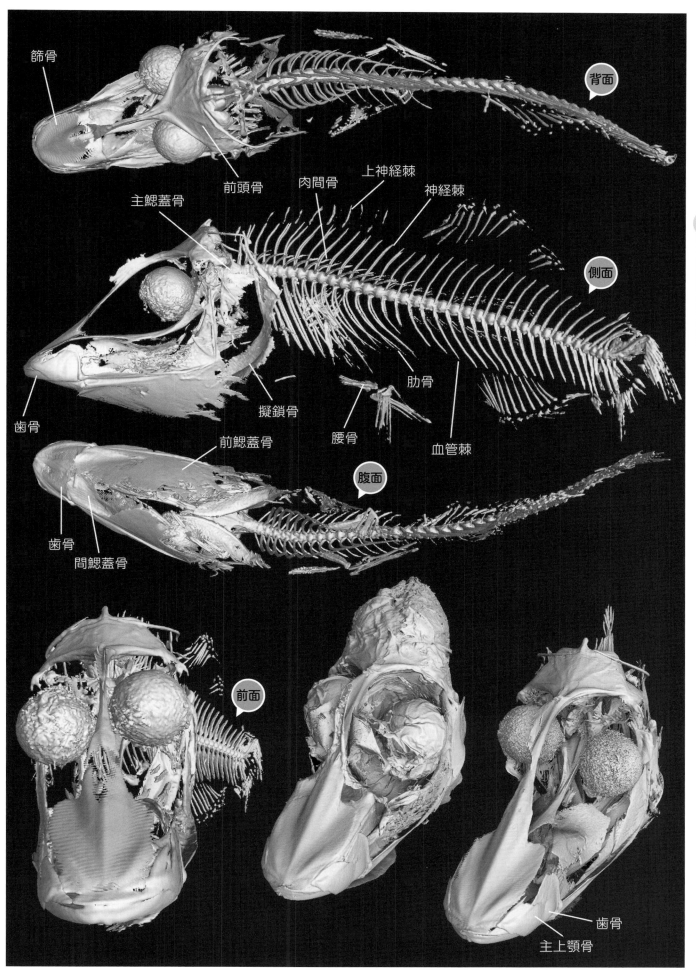

篩骨

前頭骨

上神経棘

肉間骨

神経棘

主鰓蓋骨

背面

側面

歯骨

擬鎖骨

肋骨

前鰓蓋骨

腰骨

血管棘

腹面

歯骨

間鰓蓋骨

前面

歯骨

主上顎骨

ギンザケイワシ

- 学名：*Nansenia ardesiaca*
  Jordan and Thompson, 1914
- 学名の読み方：ナンセニア・アルデシアカ
- 学名の意味：石板色のナンセニア（＝ギンザケイワシ属）
- 系統学的位置：ニギス目ソコイワシ科ギンザケイワシ属

【標本】NSMT-P 48727

深海のペンシル

生態

　水深300〜1,000 mの大陸斜面付近に生息し、日本では東北地方以南の太平洋に、海外では東南アジアや南アフリカ東岸までのインド西太平洋域に分布します。食性は詳しく調べられていませんが、他のソコイワシ科魚類と同様に、主に動物プランクトンを食べていると考えられます。

特徴

　体は細長く、寸胴型です。頭は小さく、眼が非常に大きいです。吻は短く、口が小さいです。背鰭、臀鰭および胸鰭が小さく、尾鰭と腹鰭が比較的発達しています。脂鰭があります。体には、はがれやすい大きな鱗があります。生きている時は、頭部は銀色で、体は灰色がかっています。標準体長で最大20 cmくらいになります。

仲間

　ギンザケイワシ属は日本では2種、世界では約20種が知られています。

豆知識

　ギンザケイワシの英名はヘレン・アルゼンチン（Heron Argentine）で、意味は「（鳥の）サギのようなニギス類」です。

　属名のナンセニアはノルウェーの動物学者であり、北極探検で有名なフリチョフ・ナンセンに献名されたものです。

　また、ナンセニア属はペンシル（鉛筆）・フィッシュと呼ばれています。

　眼上骨や脂鰭は、比較的原始的な硬骨魚類に見られる特徴です。

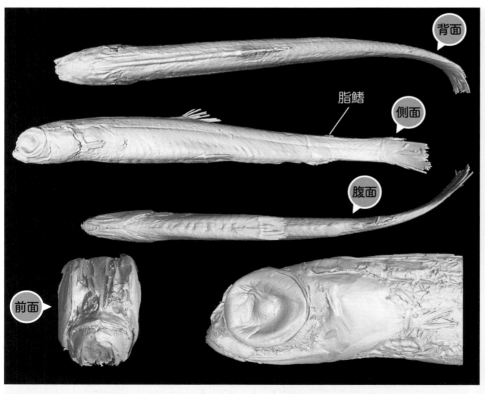

【標本】NSMT-P 48727　　　　　標準体長：12.6 cm（全長13.4 cm）

CTからわかること

頭蓋骨の背面には眼上骨があります。歯骨には細長い歯が並びます。前鰓蓋骨と主鰓蓋骨が大きいです。上神経棘が頭蓋骨と背鰭担鰭骨の間に並びます。肋骨と肉間骨があります。腰骨は他のどの骨にも接していません。背鰭基底と臀鰭基底の長さはほぼ同じです。

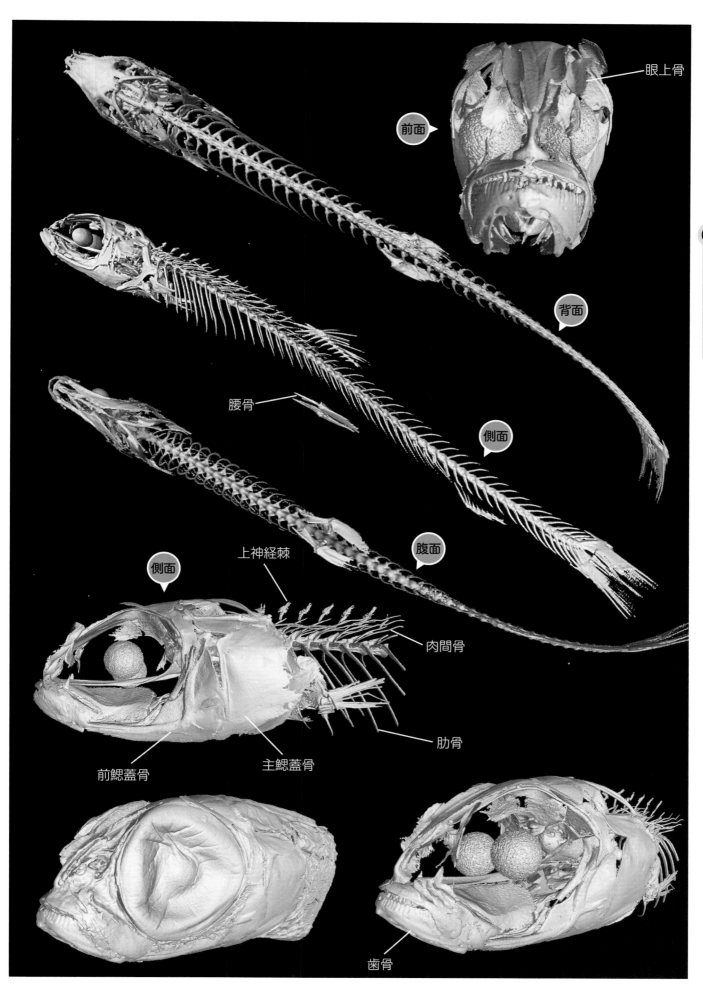

眼上骨

前面

背面

腰骨

側面

上神経棘

側面

腹面

肉間骨

肋骨

前鰓蓋骨

主鰓蓋骨

歯骨

ツマリデメエソ

●学名：*Benthalbella dentata*（Chapman, 1939）
●学名の読み方：ベンサルベーラ・デンタータ
●学名の意味：歯（に特徴）があるベンサルベーラ（＝デメエソ属）
●系統学的位置：ヒメ目デメエソ科デメエソ属

【標本】NSMT-P 79405

真珠がついた眼

生態

　中層遊泳性で、水深3,400ｍまで生息し、日本では北海道沖のオホーツク海、千葉県以北の太平洋岸に、海外では千島列島から、ベーリング海とアラスカ湾を経て、北アメリカのバハ・カリフォルニアまで分布します。主に魚類を捕食します。

特徴

　吻は尖ります。眼は大きく、やや筒状で、上を向いています。両眼間隔はとても狭いです。下顎が上顎よりも前に出ます。下顎の歯は長くて大きく、口内に倒すことができます。上顎の歯は小さいです。口腔内の背側と腹側にも長くて大きい歯があります。小さい脂鰭があります。腹鰭は大きく、体側に対して、斜めにつきます。生きている時の体色は茶褐色です。鱗がはげ落ちやすいため、生鮮状態の標本写真では白い地肌が見える場合が多いです。全長で最大23ｃｍくらいになります。

仲間

　デメエソ属には世界に4～5種、そのうち日本に3種が生息しています。

豆知識

　ツマリデメエソのツマリは「詰まり」の意味で、デメエソという種よりも体が太くて短いです。魚類分類学では、体のプロポーションは、標準体長（または全長）/頭長で表現する場合がよくあります。デメエソの標準体長は頭長の約6倍ですが、ツマリデメエソは約5倍です。つまり頭が大きいので、相対的に体が短いことになります。

　種の学名のデンタータは、口内にある歯が多いことに由来します。舌に相当する部分にも歯が生えています。

　デメエソ科は筒状の眼に真珠器官と呼ばれる白色の部分があります（15ページも参照）。この器官は餌生物の発光を感知するのに使われます。眼が筒状になったことで生じた横の死角を減らすために利用されます。この器官があるので、英名でパールアイ（Pearleye：真珠の眼）と呼ばれます。なお、真珠器官はヒメ目ヤリエソ科にもありますが、こちらは歯の特徴で、セイバートゥース（Sabertooth：剣歯虎またはサーベルタイガー）・フィッシュと呼ばれています。

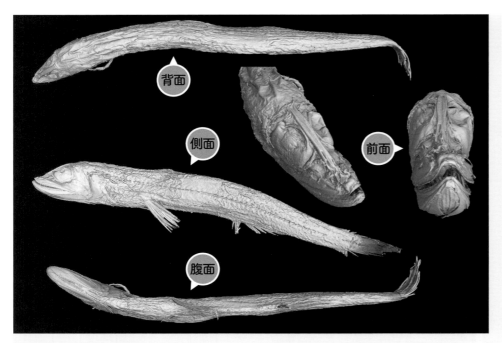

背面

側面

前面

腹面

【標本】NSMT-P 75053　　　　標準体長：22.8 cm（全長 26.1 cm）

CTからわかること

両眼間隔域付近の前頭骨は非常に細くなります。前上顎骨と歯骨は湾曲します。主鰓蓋骨が大きく、板状です。腰骨は大きく、前後に長いです。背鰭、臀鰭担鰭骨は華奢で、肩帯も大きくありません。上神経棘があります。肋骨と肉間骨があります。

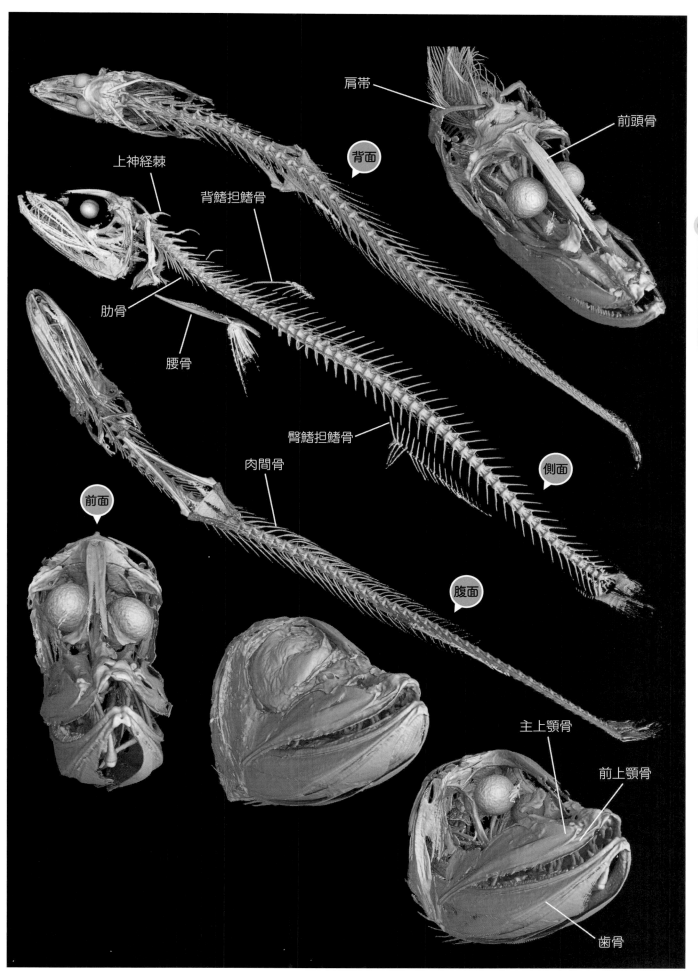

背面

肩帯

前頭骨

上神経棘

背鰭担鰭骨

肋骨

腰骨

臀鰭担鰭骨

側面

前面

肉間骨

腹面

主上顎骨

前上顎骨

歯骨

ハダカイワシ

強く光る魚は眼も大きい

- ●学名：*Diaphus watasei* Jordan and Starks, 1904
- ●学名の読み方：ディアフス・ワタセイ
- ●学名の意味：渡瀬氏のディアフス（＝ハダカイワシ属）
- ●系統学的位置：ハダカイワシ目ハダカイワシ科ハダカイワシ属

【標本】NSMT-P 143691

生態

大陸棚や水深2,000 mまでの大陸斜面に生息し、夜間は水深100 mまで浮上します（日周鉛直移動）。日本では青森県〜土佐湾の太平洋沖、島根県・山口県沖の日本海、東シナ海などに、海外では台湾、オーストラリア、インド洋に分布しています。動物プランクトンを主に食べています。

特徴

頭は丸く、大きい眼が前方にあります。眼と吻の間にはほぼ三角形の発光器が、その真上に小さい発光器があります。口は大きく、紙ヤスリの目のような小さい歯（絨毛状歯）があります。体には円形の発光器があり、規則正しく並び、グループを形成します。胸鰭は小さく、背鰭と尾鰭の間に脂鰭があります。生きている時は茶褐色で、頭部の一部や体の鱗は銀色がかります。標準体長で最大17 cmくらいになります。

仲間

ハダカイワシ属は70種以上からなり、日本周辺では約30種が知られています。

豆知識

体から鱗が簡単にはげ落ちることがハダカの由来です。プランクトンを食べる点は似ていますが、イワシ類（ニシン目）とは系統的にはまったく違う魚です。

種の学名のワタセイは、東京帝国大学の渡瀬庄三郎に由来します。九州南部のトカラ海峡にある動物の分布境界線の「渡瀬線」の発見をした研究者です。

属名のディアフスは「強く光るもの」という意味です。眼の前方にある発光器は、サーチライトのように獲物を照らし出すと考えられています。

ハダカイワシ科魚類は大型海洋生物の重要な食料ですが、その中でハダカイワシだけがヒトにも食され、特に高知県では「ヤケド」と呼ばれ、昔から食べられています。

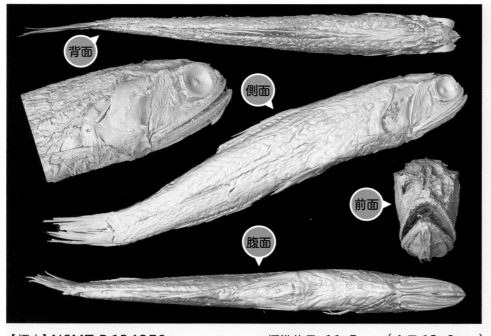

背面

側面

前面

腹面

【標本】NSMT-P 134370　　　標準体長：11.5 cm（全長13.8 cm）

CTからわかること

眼窩は前頭骨や眼下骨で保護されます。前上顎骨は細長く、骨の全体の長さに歯が生えます。歯骨は腹面が凹み、大きな溝ができます。腰骨は大きいです。上神経棘があり、頭蓋骨と背鰭担鰭骨の間にまばらに並びます。肋骨と肉間骨があります。

上神経棘　肉間骨　側面　前頭骨　前面

肋骨　眼下骨

背面

側面

腹面

前上顎骨

歯骨

ソコマトウダイ

●学名：*Zenion japonicum* Kamohara, 1934
●学名の読み方：ゼニオン・ヤポニカム
●学名の意味：日本（産）のゼニオン（＝ソコマトウダイ属）
●系統学的位置：マトウダイ目ソコマトウダイ科ソコマトウダイ属

小さいながらも
防備万全

【標本】BSKU 94269（高知大学所蔵）

生態

水深200 ～ 1,000 mに生息します。日本では本州～四国の太平洋側、日本海や東シナ海の一部に、海外ではオーストラリアなどに分布します。底曳網で採集されるので、海底付近にいると考えられます。

特徴

眼は大きく、頭の半分以上を占めます。眼の下にはノコギリ状の縁があります。口は体軸に対して、ほぼ垂直です。鰓蓋には大きな前鰓蓋骨棘が1本あります。背鰭第2棘条と腹鰭棘条の前縁はノコギリ状になっています。胸鰭は小さいです。

マトウダイ目の中でも体が小さく、標準体長で最大10 cmくらいにしかなりません。

仲間

ソコマトウダイ属は4種が知られていますが、日本に生息するのはソコマトウダイ1種のみです。ソコマトウダイ科は3属7種が知られていますが、そのうちソコマトウダイ以外で日本にいるのは、アオマトウダイ属のアオマトウダイ（*Cyttomimus affinis*：シットマイムス・アフィニス）で、ソコマトウダイと同様に体が小さく、非常にまれにしか採集されません。

豆知識

属名のゼニオンは、ゼン（ゼウス神の異名）に「小さい」を意味する語尾（-ion イオン）をつけたものです。マトウダイ目はその顔つきや姿から、ゼウス神をもじった属名がつけられています。例えば、マトウダイ属はゼウス（*Zeus*）、カガミダイ属はゼノプシス（*Zenopsis*）、ベニマトウダイ属はパラゼン（*Parazen*）です。

背鰭棘条と腹鰭棘条をたてたままの状態で維持できるような仕組みが、担鰭骨や腰骨に備わっています。ソコマトウダイはこの固定システムで、防御力を高めています。

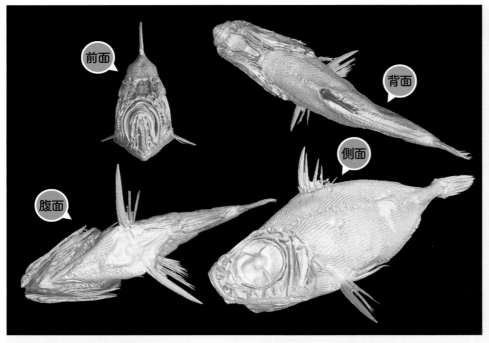

前面

背面

側面

腹面

【標本】NSMT-P 46566

標準体長：5.9 cm（全長 7.4 cm）

CTからわかること

眼窩が非常に大きいです。上神経棘があります。肋骨はありません。腰骨が大きく、腹面に広がります。背鰭と臀鰭の軟条の担鰭骨は前から後に綺麗に連なり、体の後方の背面と腹面を強固にします。

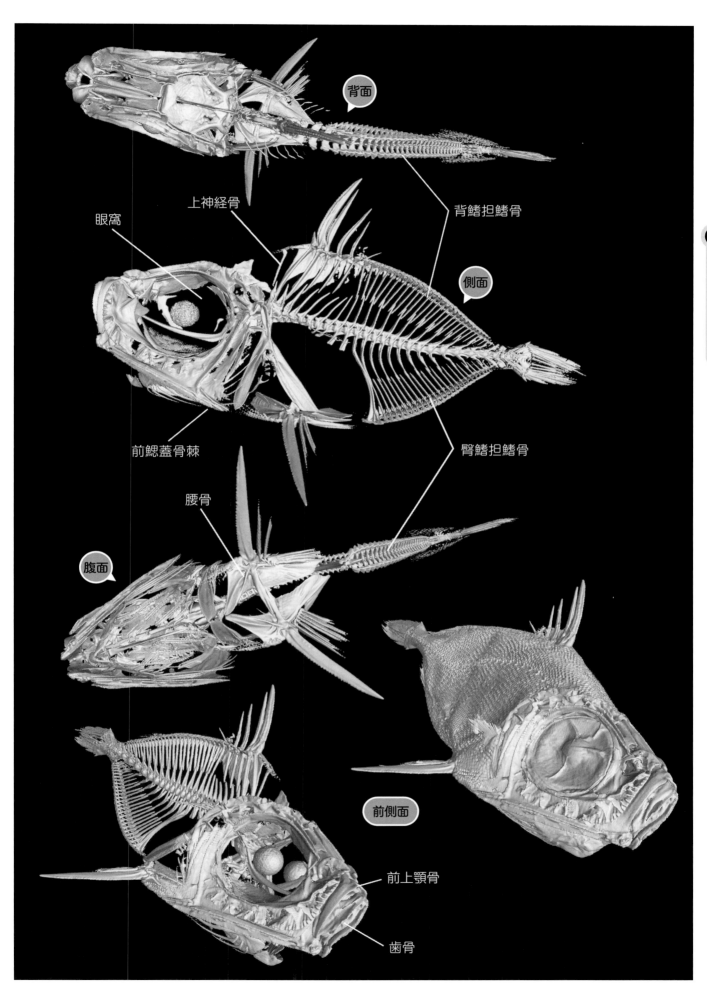

背面

上神経骨

眼窩

背鰭担鰭骨

側面

前鰓蓋骨棘

臀鰭担鰭骨

腰骨

腹面

前側面

前上顎骨

歯骨

モヨウヒゲ

掘削道具にもなる鼻

● 学名：*Coelorinchus hubbsi* Matsubara, 1936
● 学名の読み方：シーロリンカス・ハブシイ
● 学名の意味：ハブス氏のシーロリンカス（＝トウジン属）
● 系統学的位置：タラ目ソコダラ科トウジン属

【標本】NSMT-P 132777

生態

水深約700mまでの砂泥底に生息し、日本では本州の東北から九州の太平洋側に、海外では東シナ海の大陸棚縁辺、南シナ海、台湾などに分布します。腹部に発光器があります。甲殻類（オキアミ類）、環形動物（ゴカイ類）などを主に食べています。

特徴

体はやや細く、頭は尖ります。眼は大きく、頭部背縁に達します。口は頭部腹面にあり、下顎には1本の短いヒゲがあります。背鰭は高い第1背鰭と低い第2背鰭に分かれます。腹鰭は小さく、胸鰭の真下にあります。尾鰭は背鰭、臀鰭と連続し、不明瞭です。胸鰭の間から肛門にかけて、レンズと黒色の管でできた発光器があります。生きている時の体色は背側が暗い灰色で、腹側は白色です。鰓蓋、側線と胸鰭の間、背鰭の先端に黒い斑紋があります。全長で最大25cmくらいになります。

仲間

トウジン属は世界に約130種、日本には23種が分布しています。

豆知識

種の学名のハブシイは、アメリカ・ミシガン大学の魚類学者のカール・L・ハブスに由来します。魚類学への功績を讃えて献名されました。1929年に研究のために来日し、モヨウヒゲの学名の命名者でもある京都大学の松原喜代松と親交を深めました。

属名のシーロリンカスは「空洞のクチバシ」という意味で、尖った吻を指します。内部は薄い骨よって空間ができ、頭部側線管が走っています。尖った吻は泥の中の獲物を掘り出すのに使われます。頭の腹面にある口は飛び出します。トウジン属はソコダラ科の中でも特に長い吻をもちます。

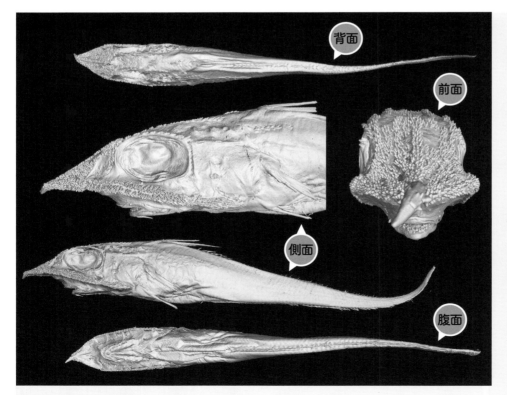

背面

前面

側面

腹面

【標本】NSMT-P 132777

全長 13.1 cm

CTからわかること

鼻骨は大きく、涙骨と共に尖った吻部を支えます。吻端から頬部にかけて空洞が広がります。前頭骨は幅広くて大きいです。前上顎骨は歯骨よりも前に出ます。主鰓蓋骨と前鰓蓋骨は大きく、大きな鰓蓋をつくります。腰骨は擬鎖骨とつながりません。肋骨と肉間骨があります。

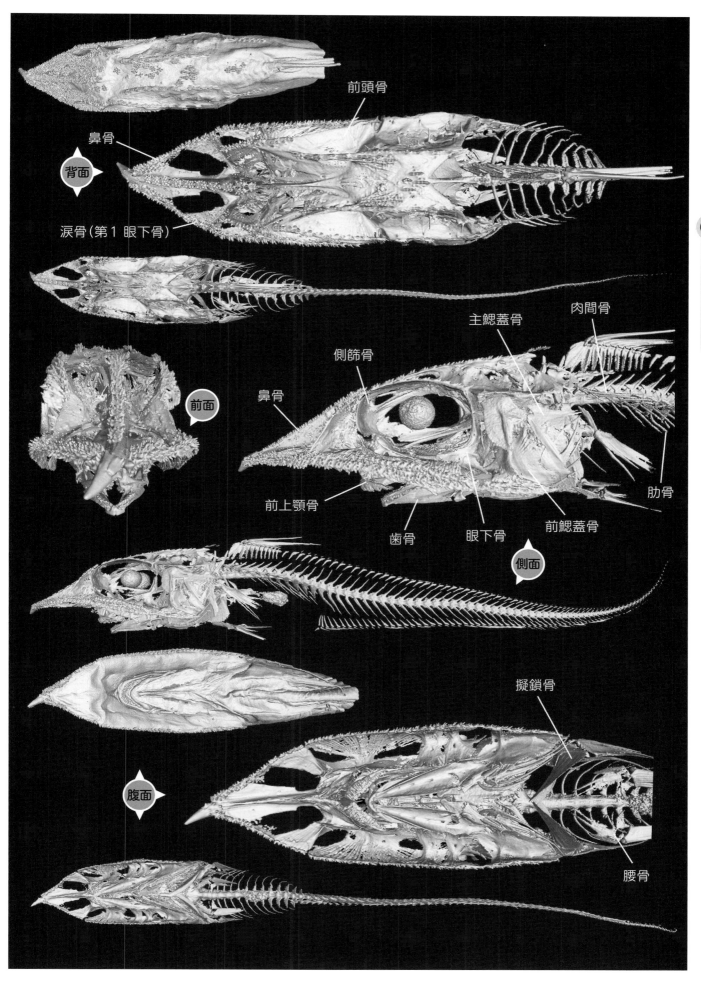

前頭骨

鼻骨

背面

涙骨（第1眼下骨）

主鰓蓋骨

肉間骨

側篩骨

前面

鼻骨

肋骨

前上顎骨

歯骨

眼下骨

前鰓蓋骨

側面

擬鎖骨

腹面

腰骨

ツバサナカムラギンメ

大きな眼と翼

- ●学名：*Diretmoides veriginae* Kotlyar, 1987
- ●学名の読み方：ディレトモイデス・ヴェリジナエ
- ●学名の意味：ヴェリジーナ氏のディレトモイデス（＝チゴナカムラギンメ属）
- ●系統学的位置：キンメダイ目ナカムラギンメ科チゴナカムラギンメ属

生態

　水深340〜1,300 mに生息し、中深層を遊泳します。日本では駿河湾や東シナ海に、海外では南シナ海、ティモール海、アンダマン海に分布しています。主に動物プランクトンや浮遊性の甲殻類を食べています。

【標本】BSKU 72720（高知大学所蔵）

特徴

　腹鰭には棘条が1本（軟条は6本）ありますが、それ以外の鰭は軟条だけでできています。背鰭・臀鰭基底に小棘が並んでいます。腹鰭より前の腹面に大きな稜鱗があります。体側に側線はありません。標準体長で最大17 cmくらいになります。

仲間

　チゴナカムラギンメ属にはチゴナカムラギンメとツバサナカムラギンメの2種が含まれます。ナカムラギンメ科は、チゴナカムラギンメ属の他に、ナカムラギンメ属とフチマルギンメ属が知られています。キンメダイ目の中では、ナカムラギンメ科はオニキンメ科と近縁であると考えられています。

豆知識

　新種報告の論文は、ロシアの学術雑誌で発表されています。種の学名のヴェリジナエは、標本を提供したインナ・アレキサンドヴナ・ヴェリジーナ（モスクワ大学動物学博物館）に由来します。

　ツバサナカムラギンメのツバサは大きな胸鰭を指します。日本の研究者が、同属の他の種より大きくて目立つことに気づき、日本で初めて採集した個体の報告論文で名づけました。

　属名のディレトモイデスは、ディレトムス（＝ナカムラギンメ属）にオイデス（-oides）という語尾がついたもので、「ナカムラギンメ属に似た魚」という意味です。

　ナカムラギンメは漢字で書くと「中村銀目」になります。日本で最初にこの種を採集した水産学者の中村捷に由来します。

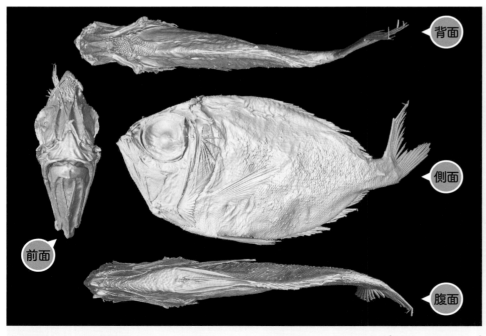

【標本】NSMT-P 115056　　　　標準体長：12.8 cm（全長16.9 cm）

CTからわかること

肩帯の一部の烏口骨が、がっしりしています。腰骨は大きく、肩帯の真下にあります。上神経棘があります。第1〜3腹椎骨の神経棘は、他よりも太く、しっかりしています。肋骨があります。後方、約3分の2の腹椎骨には肥大した横突起があります。

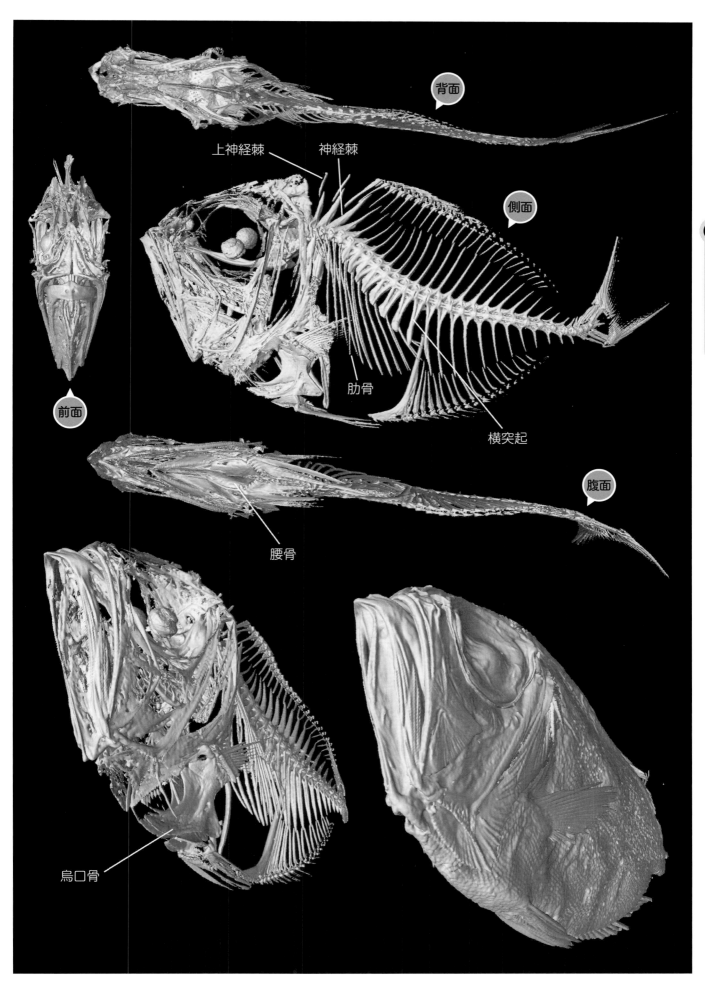

背面

上神経棘　神経棘

側面

前面

肋骨

横突起

腹面

腰骨

烏口骨

キンメダイ

- ●学名：*Beryx splendens* Lowe, 1834
- ●学名の読み方：ベリックス・スプレンデンス
- ●学名の意味：輝いているベリックス（＝キンメダイ属）
- ●系統学的位置：キンメダイ目キンメダイ科キンメダイ属

かすかな光も見逃さない

【標本】BSKU 127389（高知大学所蔵）

生態

水深200～800mの岩礁域に生息します。日本近海を含む太平洋、インド洋、大西洋に分布します。魚類、甲殻類（エビ・オキアミ類）、頭足類（イカ類）を食べます。産卵は、水深200～400mの海底付近で行われます。

特徴

体は側扁し、楕円形です。眼が大きく、生きている時は光をよく反射します。尾鰭の後縁は深く切れ込みます。生きている時の体は鮮やかな赤色で、体側の腹側は銀色がかります。標準体長で最大50cmくらいになります。

仲間

キンメダイ科は世界に2属10種程度がいます。そのうちキンメダイ属は世界に4種程度がいます。どの種も体色が赤いのが特徴です。

豆知識

キンメダイは水産重要種で、煮つけ、刺身、焼きもの、鍋ものなどで食されます。寿命は20年で、ゆっくり成長するので、乱獲すれば急激に資源が減る危険があります。日本の太平洋側に生息していますが、相模湾や駿河湾でこの魚料理が有名になったのは、漁場となる深海が漁港のそばにあり、鮮魚としてキンメダイを市場に水揚げすることができたのが理由と考えられています。

漢字では「金目鯛」と書きます。眼がよく光を反射することが由来と考えられています。眼球内に輝板（タペータム）という反射層があります。

属名のベリックスは、ラテン語で「パーチに似た魚」という意味です。パーチ（スズキ目ペルカ科）はヨーロッパの淡水域に生息する昔から知られていた普通の魚で、外見は日本にいるスズキ（スズキ目スズキ科）に似ています。ベリックスを「（ヨーロッパの人たちがイメージする典型的な）魚」という意味で、キンメダイの属名に採用したと思われます。

背面

側面

前面

【標本】NSMT-P 75991　　　　標準体長：13.5cm（全長17.4cm）

CTからわかること

目玉を収納する眼窩が大きいことがわかります。眼の直前には小さな涙骨棘があります。3本の上神経棘があります。肩帯の烏口骨が大きく、しっかりしています。臀鰭には4本の棘条があり、それらを支える担鰭骨は三角形の板状で、腹部側に張り出しています。肋骨があります。

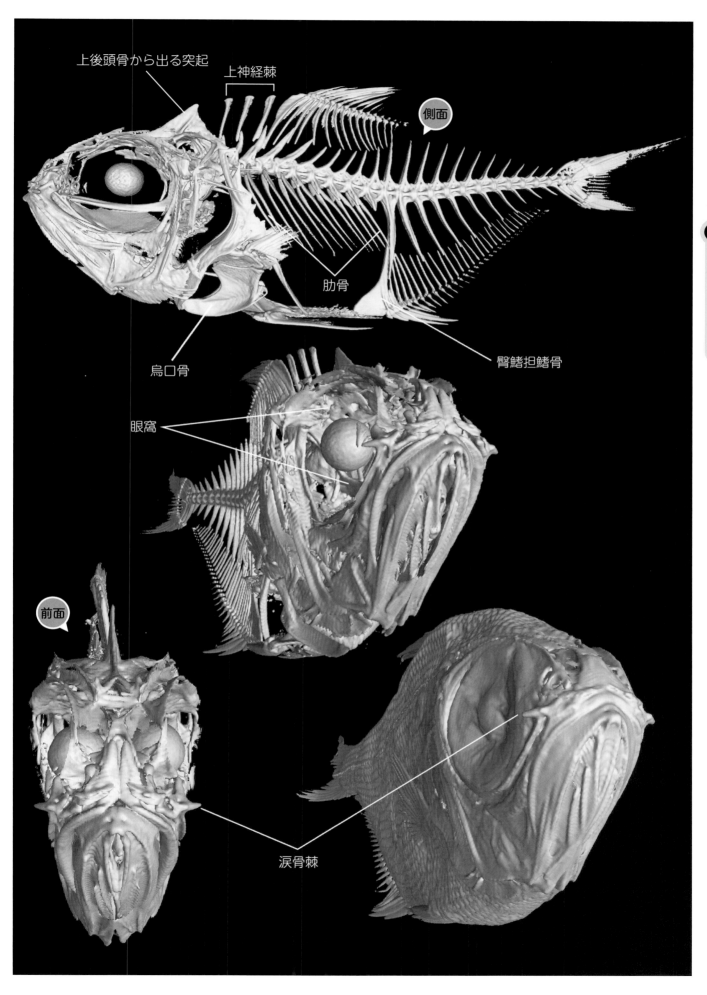

上後頭骨から出る突起

上神経棘

側面

肋骨

烏口骨

臀鰭担鰭骨

眼窩

前面

涙骨棘

オオメハタ

- ●学名：*Malakichthys griseus* Döderlein, 1883
- ●学名の読み方：マラキクチス・グリセウス
- ●学名の意味：灰色のマラキクチス（＝オオメハタ属）
- ●系統学的位置：スズキ目ホタルジャコ科オオメハタ属

大きな目玉で闇を見る

【標本】NSMT-P 91123

生態

水深100～600ｍの大陸棚縁辺や斜面域に生息します。日本周辺（新潟県・千葉県よりも南方）の他、東シナ海、南シナ海、オーストラリアの北部に分布します。

特徴

下顎の先端に1対の小さな棘があります。頭の一部や鰭を除き、全身が鱗におおわれています。主鰓蓋骨棘が2本あります。生きている時は、背中は薄茶色で、その他の部分の体は銀色です。標準体長で最大15cmくらいになります。

仲間

オオメハタ属は世界に7種、日本にはオオメハタの他にワキヤハタなど合計4種が知られています。

豆知識

日本の魚類分類学の父といわれる東京帝国大学の田中茂穂（たなかしげほ）は、この魚を「ウミブナ」と呼ぶことを提案しましたが、この名前は普及しませんでした。フナは日本人（特に釣り人）にとって最も馴染みがある魚で、イメージしやすい魚の代表のようなものです。オオメハタは大きな眼を除けば、普通の魚の姿をしているということを示したかったのだと思われます。

この種に学名をつけたルートヴィヒ・デーデルラインは、明治時代に東京帝国大学の教師として来日し、相模湾の海産動物を調べたドイツの博物学者です。

属名のマラキクチスは、「柔らかい魚」という意味で、肉質の特徴からきています。オオメハタ属の多数の種が食用になります（主に練り製品）。

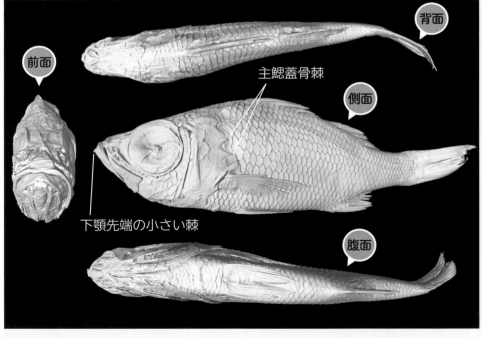

前面

背面

側面

腹面

主鰓蓋骨棘

下顎先端の小さい棘

【標本】NSMT-P 114234　　標準体長：10.5cm（全長13.8cm）

CTからわかること

眼窩が大きく、頭の大部分を占めます。頭蓋骨の中では、特に大きな目玉を保護する前頭骨の縁がしっかりしています。上神経棘があります。肋骨があります。腹鰭は大きく、腰骨の前端は肩帯の骨（擬鎖骨）に固着します。

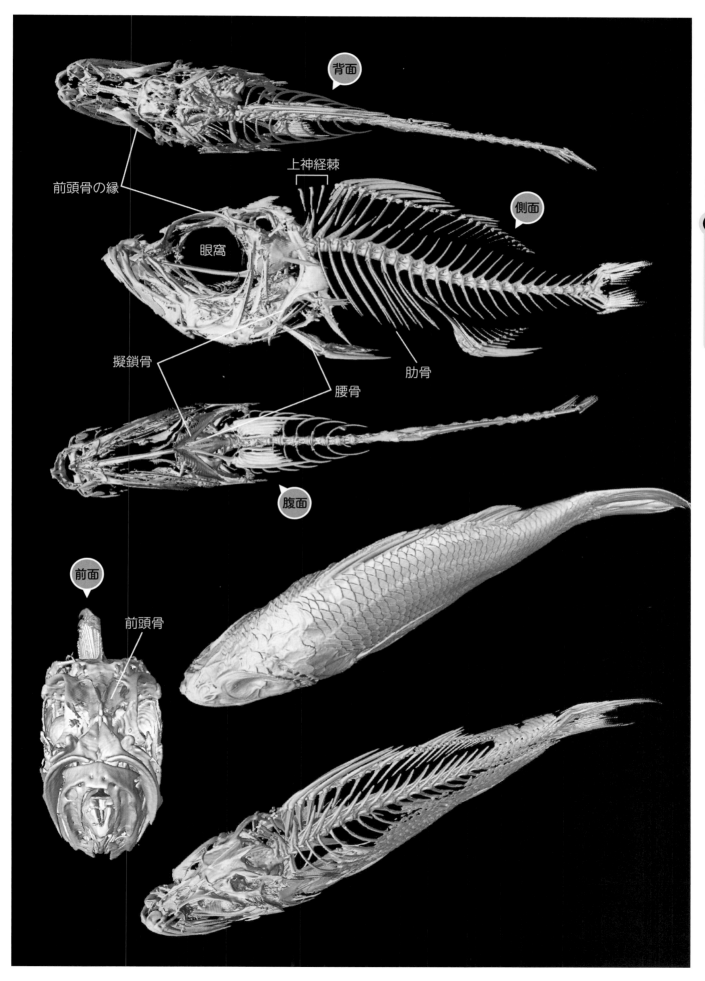

背面

前頭骨の縁

上神経棘

側面

眼窩

擬鎖骨

肋骨

腰骨

腹面

前面

前頭骨

ホタルジャコ

- ●学名：*Acropoma japonicum* Günther, 1859
- ●学名の読み方：アクロポーマ・ヤポニカム
- ●学名の意味：日本（産）のアクロポーマ（＝ホタルジャコ属）
- ●系統学的位置：スズキ目ホタルジャコ科ホタルジャコ属

すり身にすると光る

【標本】NSMT-P 124152

生態

　大陸棚上に生息します。日本では千葉県から九州の太平洋、瀬戸内海、東シナ海に、海外では朝鮮半島、済州島、黄海、台湾、紅海を含むインド西太平洋に分布します。特に黒潮の流れる海域に出現します。動物プランクトンから小型の甲殻類、軟体動物、魚類などを食べています。発光バクテリアの共生によって腹部が青っぽく光ります。

特徴

　頭は尖ります。眼と口は大きいです。上顎には目立つ大きさの犬歯状歯が左右1本ずつ、下顎には左右1～2本ずつあります。下顎は上顎よりも前に出ます。背鰭は2つあります。肛門は胸鰭下方で左右の腹鰭の中間にあります。鱗は薄く、はがれやすいです。生きている時は銀色で背中が薄紅色です。標準体長で最大15 cmくらいになります。

仲間

　ホタルジャコ属にはホタルジャコとハネダホタルジャコ（*Acropoma hanedai*：アクロポーマ・ハネダイ）の2種だけがいます。後者の和名と学名にある「ハネダ」は、横須賀市博物館の羽根田弥太のことで、発光生物の研究で有名です。

豆知識

　ホタルジャコは腹部が発光します。発光する器官は発光バクテリアの保育器で、発光腺と呼ばれ、肛門付近の筋肉中にあります。体側の腹側には、この光を外へ透過して拡散させる乳白色で半透明の筋肉層があります。練り製品にする過程で、すり身がぼんやりと光るといわれています。

　ホタルジャコの「ジャコ」は雑魚のことです。愛媛県南予地方の名産品である「じゃこ天」（すり身を成形して油で揚げたもの）の主な材料になります。肉が柔らかく骨が華奢なこと、小さい個体が大量に漁獲されることなどが練り製品に向いている理由とされています。

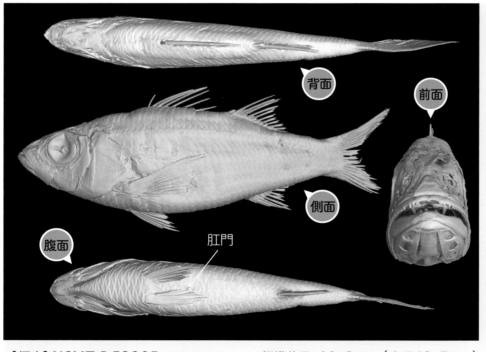

【標本】NSMT-P 53295　　　　標準体長：10.8 cm（全長13.7 cm）

背面　前面　側面　腹面　肛門

CTからわかること

前上顎骨には小さい円錐歯の後ろに犬歯状歯があります。歯骨では犬歯状歯は最前列にあります。前頭骨の背面や歯骨には、頭部側線管の開口部が並びます。上神経棘があります。脊椎骨、肋骨および背鰭・臀鰭担鰭骨は細くて華奢です。頭部の骨や肩帯、腰骨はしっかりしています。

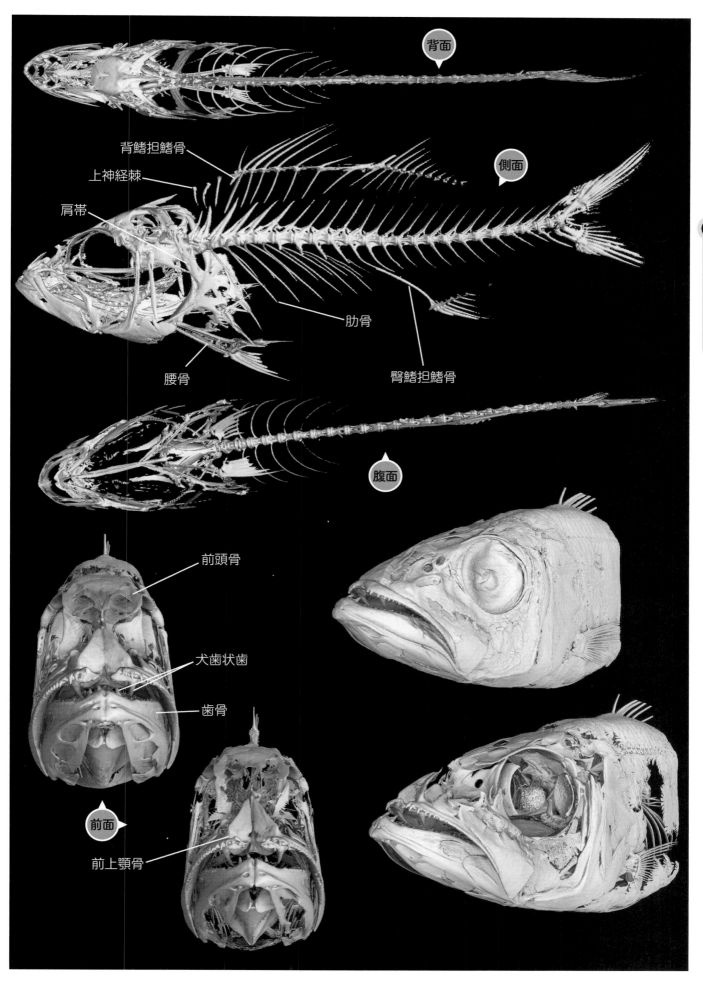

背面

側面

背鰭担鰭骨

上神経棘

肩帯

肋骨

腰骨

臀鰭担鰭骨

腹面

前頭骨

犬歯状歯

歯骨

前面

前上顎骨

❷ アラスカキチジ

●学名：*Sebastolobus alascanus* Bean, 1890
●学名の読み方：セバストローバス・アラスケイナス
●学名の意味：アラスカ（産）のセバストローバス（＝キチジ属）
●系統学的位置：カサゴ目キチジ科キチジ属

【標本】HUMZ 209349（北海道大学所蔵）

大きな胸鰭の
赤い魚

生態

　水深1,600 mまでの海底に生息します。日本では茨城県以北の太平洋岸、北海道沖のオホーツク海に、海外ではベーリング海、アリューシャン列島、アラスカ湾～カリフォルニアに分布します。甲殻類、頭足類、魚類などを食べています。

特徴

　頭が大きく、眼の周囲、頬、鰓蓋などに鋭い小棘があります。眼と口が大きいです。胸鰭の後縁がくびれます。生きている時は、全体的に赤みがかった橙色をしています。背鰭の縁は黒っぽく、胸鰭、尾鰭には汚れのような模様があります。標準体長で最大80cmくらいになります。

仲間

　キチジ属には、アラスカキチジを含めて3種が知られています。日本（北海道と東北地方）にはキチジとアラスカキチジの2種が分布していますが、アラスカキチジはまれにしか採集されません。キチジ科はキチジ属だけを含みます。

豆知識

　アラスカキチジはキチジよりも大きくなりますが、味は少し劣るという評判です。日本でも漁獲されますが、ほとんどは外国からの輸入です。

　英名でソーニヘッド（Thornyhead）と呼ばれます。日本語に直訳すると「トゲトゲ頭」です。頭部だけなく、背鰭、臀鰭および腹鰭の棘も硬くて鋭く、魚体を素手で触ると指や手のひらが傷つくほどです。

　属名のセバストローバスは、メバル属魚類を意味するセバステスと垂れ下がったものを指すロボスを合成した名前といわれています。胸鰭が大きく、腹側の部分が垂れている様子を表しているようです。

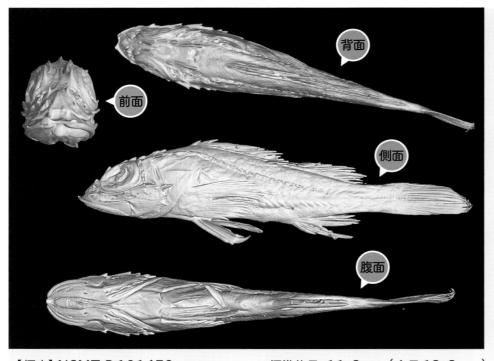

【標本】NSMT-P 101679　　　　標準体長：11.2 cm（全長13.3 cm）

CTからわかること

　眼窩が非常に大きく、頭の約3分の1以上を占めます。前上顎骨の上向突起は太く短いです。臀鰭棘条を支える担鰭骨は特に大きくて頑丈です。腰骨は大きく、その先端は肩帯の骨の1つである擬鎖骨の内側に固着します。肋骨があります。

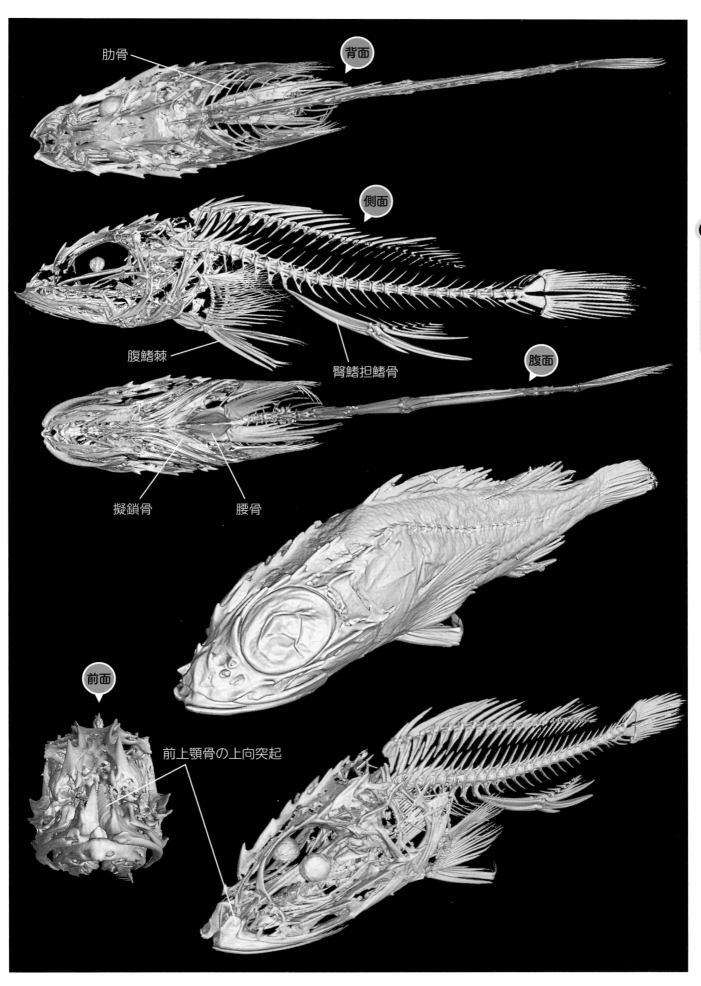

背面

肋骨

側面

腹鰭棘

臀鰭担鰭骨

腹面

擬鎖骨

腰骨

前面

前上顎骨の上向突起

❷ ユメカサゴ

●学名：*Helicolenus hilgendorfi*
（Steindachner and Döderlein, 1884）
●学名の読み方：ヘリコレヌス・ヒルゲンドルフィ
●学名の意味：ヒルゲンドルフ氏のヘリコレヌス（＝ユメカサゴ属）
●系統学的位置：カサゴ目メバル科ユメカサゴ属

眠るように不動

【標本】NSMT-P 127521

生態

水深200〜500mの貝殻がまじった砂地や砂泥底に生息します。日本では東北の太平洋岸から東シナ海までに、海外では朝鮮半島の南部などに分布します。卵胎生で、腹の中で孵化した仔魚を産みます。主に小型の甲殻類や魚類を食べていますが、成長にともない魚食性が強くなります。

特徴

頭が大きく、特に大きい眼と口が目立ちます。両顎の歯は絨毛状です。下顎の先端の腹側には小さな突起が1つあります。胸鰭は大きいです。頭部の背面と鰓蓋（前鰓蓋骨と主鰓蓋骨）には棘があります。生きている時は朱色で、体には不明瞭な赤い横縞が数本あり、鰓蓋の内面と舌は黒色です。標準体長で最大35cmくらいになります。

仲間

ユメカサゴ属には10種程度が知られていますが、分類の研究が進んでいないので、種数は今後変わると思います。

豆知識

種の学名のヒルゲンドルフィは、フンボルト博物館のフランツ・M・ヒルゲンドルフに由来します。ドイツの海洋生物学・古生物学の研究者で、明治時代に東京医学校（東京帝国大学医学部の前身）予科の教師として来日し、講義のかたわら魚類をはじめ日本の生物を研究し、魚類の新種も多数発見しています。

延縄や底曳網で漁獲されます。口腔に黒い部分があるので、アカムツ（スズキ目ホタルジャコ科）と同じように「ノドグロ」と呼ぶ地方があります。

眠っているように海底でじっとしている姿が、深海カメラでしばしば撮影されています。

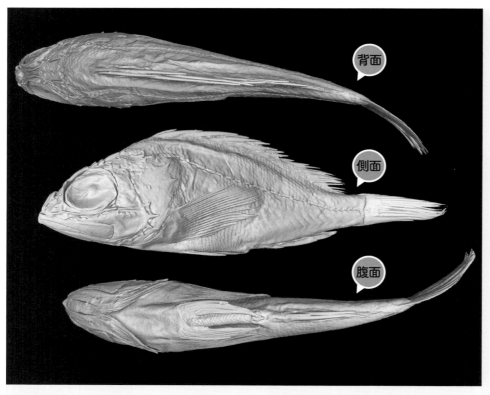

【標本】NSMT-P 134371　　　標準体長：10.2cm（全長13.1cm）

CTからわかること

前上顎骨の上向突起は太く短いです。主上顎骨の後端は眼窩の後縁の真下に達します。第3眼下骨の一部が後方に伸びて、眼下骨棚になり、頬を横ぎります。上神経棘があります。背鰭・臀鰭棘条を支える担鰭骨は頑丈で大きいです。腰骨は大きく、肩帯の擬鎖骨に固着します。肋骨と肉間骨があります。

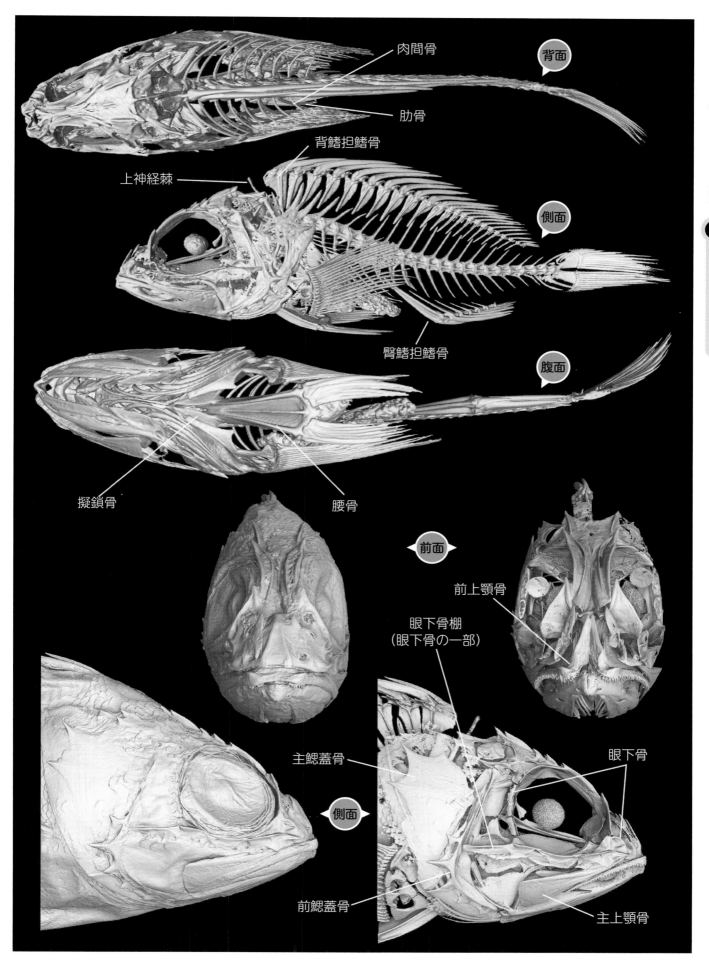

肉間骨

肋骨

背鰭担鰭骨

上神経棘

臀鰭担鰭骨

背面

側面

腹面

擬鎖骨

腰骨

前面

前上顎骨

眼下骨棚
（眼下骨の一部）

主鰓蓋骨

眼下骨

側面

前鰓蓋骨

主上顎骨

COLUMN 2

世界最深記録?!

今から200年ほど前、水深548m（300尋）より深い場所には生物がいないという「無生物帯」説が学界で広まりました。イギリスの博物学者エドワード・フォーブスが提唱しました。その30年後、イギリス海軍のチャレンジャー号が世界一周の深海生物相調査を実施し、その約10倍の5,000mを超える深海まで生物が分布している証拠を集めました。深海魚の研究もチャレンジャー号により開花することになります。

深海魚の最深記録は、漁具や調査機器の発達とも関係しています。最初は漁具の開発でした。深海底は網の曳きやすい平坦な場所ばかりとは限りません。岩や軟泥の場合もあります。今でもよく使われる漁具はビームトロールという網で、ビームは枠を意味します。網の入り口に金属製の枠がついているので、壊れにくいのが特徴です。その反面、枠のサイズで網の入り口の大きさが固定されてしまいます。主に商業用に利用されるオッタートロール用の網（オッターは哺乳類のカワウソのことで、水かきがあるその前足に似たオッター板を両側のワイヤーに付けることで、左右に自然に大きく広がる）とは対照的です。また、タラバガニ漁などで使われているカゴ網も深海生物を採集するのに適した方法です。エサを入れて引き寄せます。網による擦傷が少ないので、キレイな状態で捕獲できます。最も新しい方法は潜水艇を使った採集です。有人・無人がありますが、獲物を観察しながら獲ることができます。スラープガンという掃除機のような機具で生物を吸い込む映像をTVやインターネットで見たことがある方もいらっしゃるでしょう。

これらの漁具や調査機器を使って、これまで最も深い場所である海溝から採集された魚類はアシロ科のヨミノアシロで、プエルトリコ海溝水深8,370mから、2番目はクサウオ科のマリアナスネイルフィッシュでマリアナ海溝水深8,178mにおいて水中映像が撮られました。他に8,000mを超える超深海から報告された魚類はいません。

筆者は、2016年にドイツの科学調査船ゾンネ号に乗り、世界で3番目に深い千島海溝の調査を行いました。北海道から出発して、横浜に帰るまで約40日間の無寄港航海でした。千島海溝の最深部にどのような魚がいるかを調べるためです。

水深8,729mの海底でビームトロールを曳いた時に大量の泥に交じってソコダラ科のイバラヒゲが1個体採集

ヨミノアシロ

科学調査船ゾンネ号

ビームトロール　　　　ビームトロール採集物

イバラヒゲ

されました。ソコダラ科も6,000m以深に生息する種がいるので、採集されてもおかしくはありません。この航海では5,134m、8,096mおよび8,100mの海底に沈めたビームトロールでもイバラヒゲが、それぞれ1～2個体採集されました。水深8,729mはヨミノアシロの記録を500mほど塗り替える世界記録かと思いましたが、イバラヒゲは中層域で採集された例があったので、海底で入ったのか、途中で紛れ込んだのかをはっきりさせる必要がありました。下船した後、水深を確かめる方法が見つかりました。細胞内にあるトリメチルアミンオキシドという物質が水深に比例して量が増えることを利用しました。その結果、1,350mあたりの中層域にいたことがわかり、他のイバラヒゲも中層で採集されたものでした（883～1,350m）。世界最深記録の夢は消えました。

I.「特殊化」するという進化

❸

体の一部が変化する

トガリムネエソ

● 学名：*Argyropelecus aculeatus* Valenciennes, 1849
● 学名の読み方：アルギロペレカス・アキュレアータス
● 学名の意味：棘のあるアルギロペレカス（＝テンガンムネエソ属）
● 系統学的位置：ワニトカゲギス目ムネエソ科テンガンムネエソ属

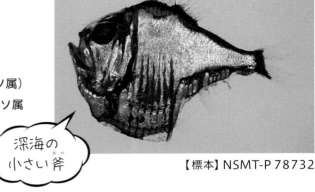

深海の小さい斧

【標本】NSMT-P 78732

生態

　中層域を群れで泳いでいます。日中は主に水深200〜600mに生息し、夜間は80〜200mに移動（日周鉛直移動）します。日本周辺では、東北地方の太平洋側から琉球列島や小笠原諸島近海に分布しています。海外では、太平洋、インド洋および大西洋の暖かい海に棲んでいます。甲殻類や動物プランクトンを食べています。

特徴

　体は側扁し、頭が大きいです。口は大きく、斜め上を向いています。眼はやや筒状で、斜め上を向きます。背鰭の前に大きい突起（背刀）があります。腹部は、鱗が変形してできた大きな竜骨板が並びます。臀鰭は、前後2つに分かれます。体側の腹側には多数の発光器が並びます。生きている時は大部分が銀色で、体の輪郭や発光器付近は黒っぽい色をしています。標準体長で最大7cmくらいになります。

仲間

　テンガンムネエソ属は世界に7種、日本周辺に4種がいます。

豆知識

　ムネエソ科は深海中層域にいる魚で、プランクトンを採集する網（プランクトンネット）で、比較的簡単に採集できます。多数個体が1回の網に入るので、群れをつくっていると考えられています。

　薄くて銀色の体は、捕食者に発見されにくいと考えられています。さらにカウンターシェーディングで影を隠します。

　テンガンムネエソ属のテンガンは天を向く眼のことだと思われますが、トガリムネエソは他の種に比べると、この特徴があまり出ていません。

　属名のアルギロペレカスは「銀色の斧」という意味です。姿から連想されたもので、英名でもハチェット・フィッシュ（斧魚）と呼ばれています。

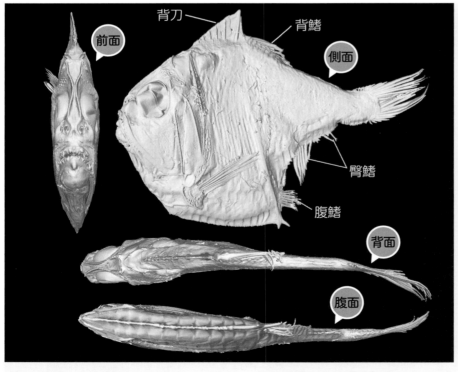

背刀　背鰭　前面　側面　臀鰭　腹鰭　背面　腹面

【標本】NSMT-P 78406　　標準体長：4.1cm（全長5.7cm）

CTからわかること

背刀は6本の大きな上神経棘からできており、幅広くなることで脊椎骨の一部の神経棘と強く連結します。上神経棘は合計7本あります（背刀の6本とその前の1本）。肩帯の骨は大きくて、しっかりしています。肋骨があり、最後の肋骨は腰骨や竜骨板と固着しています。肉間骨があります。腰骨と臀鰭の間、前後に分かれた臀鰭の間、尾鰭の付け根付近には竜骨板があります。

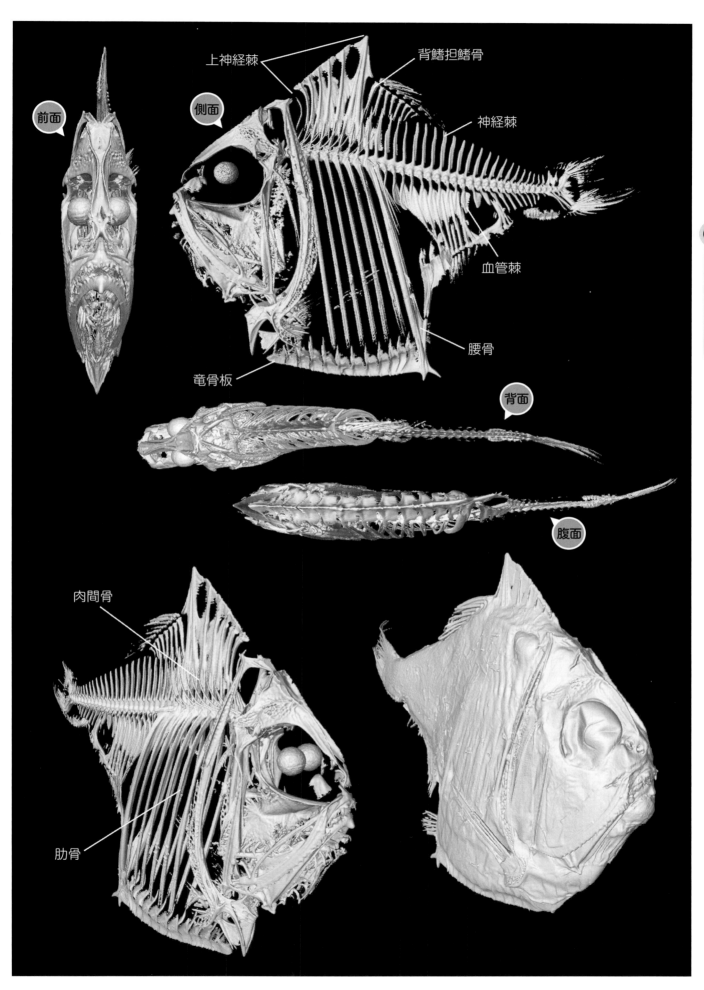

前面

側面

上神経棘

背鰭担鰭骨

神経棘

血管棘

腰骨

竜骨板

背面

腹面

肉間骨

肋骨

ミツマタヤリウオ

- ●学名：*Idiacanthus antrostomus* Gilbert, 1890
- ●学名の読み方：イディアカンサス・アントロストムス
- ●学名の意味：大きな洞窟のような口のイディアカンサス（＝ミツマタヤリウオ属）
- ●系統学的位置：ワニトカゲギス目ワニトカゲギス科ミツマタヤリウオ属

【標本】NSMT-P 93112

光を反射
しない体

生態

水深約400〜800mの中深層に生息し、北半球の太平洋の温帯域に分布します。日本では北海道の太平洋側〜土佐湾、小笠原諸島などで採集されています。主に魚類を食べています。

特徴

体はかなり細長く、側扁します。頭は小さく、吻はやや尖っています。口が大きく、メスは下顎の先端に発光器がついたヒゲが1本あります。胸鰭はありません。腹鰭は大きく、体の中間よりも前にあります。背鰭、臀鰭の軟条の根元には小棘が並んでいます。眼のそばにやや大きい発光器がある他、体の腹側に2列の丸い発光器が並んでいます。生きている時は全身が黒色です。標準体長で最大50cmくらいになります。

仲間

ミツマタヤリウオ属は世界に3種が知られています。日本にはミツマタヤリウオとナンヨウミツマタヤリウオが分布しています。

（豆知識）

種の学名の「大きな洞窟のような口」の意味については命名者が説明していないため、詳しくはわかりません。口が大きいことを大きな洞窟に例えたという説が有力です。洞窟は長い胴体のことを指しているのかもしれません。

属名のイディアカンサスは「目立ったトゲ」という意味です。これも命名者が説明をしていませんが、背鰭、臀鰭に沿って並ぶ多数の小さい小棘を指しているものと考えられています。

オスはメスの最大サイズの5分の1ほど（10cm以下）にしかならず、メスに比べるとほとんど採集されません。

光の反射率がわずか0.1％という深海魚でもトップクラスの黒い（ウルトラブラック）体をもっています。深海生物が発する光を反射しないので、自らが発光しない限り、姿を暗闇へ完全に隠すことができます。

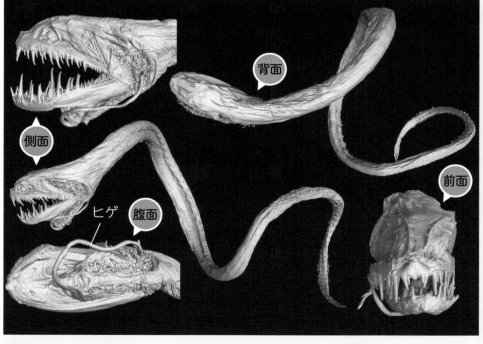

【標本】NSMT-P 49607　　　標準体長：39.8cm（全長40.7cm）、メス個体

背面

側面

ヒゲ　腹面

前面

CTからわかること

前上顎骨、主上顎骨および歯骨に牙状の犬歯状歯があります。歯骨と角骨は幅広く、大きいです。前上顎骨は棒状です。基鰓骨付近にも両顎と同じ犬歯状歯があります。肩帯の擬鎖骨は棒状で、湾曲します。腰骨は小さいです。背鰭、臀鰭の軟条の根もとには、担鰭骨の一部が変化した小棘が並んでいます。

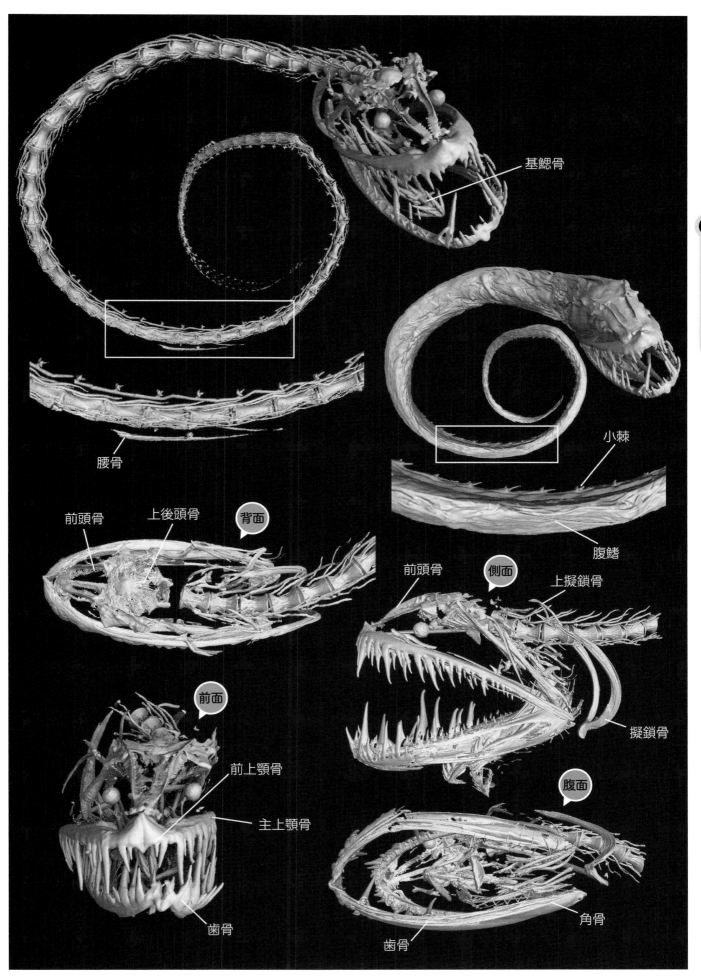

基鰓骨

腰骨

小棘

腹鰭

前頭骨

上後頭骨

背面

前頭骨

側面

上擬鎖骨

擬鎖骨

前面

前上顎骨

主上顎骨

腹面

歯骨

歯骨

角骨

❸ ギンメダイ

体の一部が変化する

獲物の隠れ家を探るヒゲ

- 学名：*Polymixia japonica* Günther, 1877
- 学名の読み方：ポリミキシア・ヤポニカ
- 学名の意味：日本（産）のポリミキシア（＝ギンメダイ属）
- 系統学的位置：ギンメダイ目ギンメダイ科ギンメダイ属

【標本】NSMT-P 118377

生態

水深150〜650 mの海底に生息し、日本では八丈島や福島県〜九州に、海外では台湾、ハワイ諸島などに分布します。甲殻類や魚類を食べます。

特徴

1対の長いヒゲが喉にあります。吻は短く、柔らかい寒天質のような皮膚におおわれます。鰭や頭部の一部（吻部、上顎や鰓蓋の骨など）を除き、鱗におおわれています。体は銀色で、背鰭前半の背縁と尾鰭の後縁が黒く、腹鰭と臀鰭は白色です。標準体長で最大20 cmくらいになります。

仲間

ギンメダイ属は世界で10種が知られています。日本には4種が生息しています。ギンメダイ目はギンメダイ科のみを含み、ギンメダイ科はギンメダイ属のみを含みます。

豆知識

漢字では「銀目鯛」と書きます。「金目鯛（キンメダイ目キンメダイ科キンメダイ属キンメダイ）」や「中村銀目（キンメダイ目ナカムラギンメ科ナカムラギンメ属）」に近縁な魚と勘違いされそうな名前ですが、系統的には遠く、むしろタラ目やマトウダイ目と近縁であると考えられています。

属名のポリミキシアは、「ポリ（多い）＋ミキシア（混ざり合う）」という意味です。大きな眼、ヒゲなど、他の魚に見られる特徴が混ざっているという意味かもしれません。

喉にある1対の長いヒゲは、ギンメダイ科に共通する特徴です。鰓条骨の1本が変形したものです。海底にいる獲物を、泳ぐ姿勢を保ちながら探すのに使われます。ヒゲを利用することで、ギンメダイは砂泥底に顔を突っ込まなくてもよいので、大きな眼で捕食者を見つければ、すぐに逃げることが可能です。

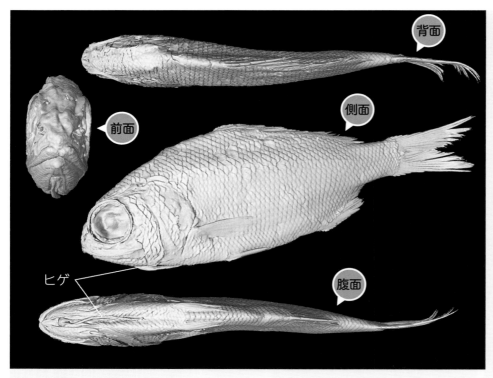

背面

側面

前面

ヒゲ

腹面

【標本】NSMT-P 115791　　　標準体長：12.0 cm（全長15.2 cm）

CTからわかること

前上顎骨を除き、吻部にしっかりした骨がありません。両顎の歯は小さく、絨毛状です。上神経棘があります。肩帯の骨はしっかりしており、特に擬鎖骨が大きいです。腰骨は小さく、その先端は肩帯の骨と離れています。肋骨があります。

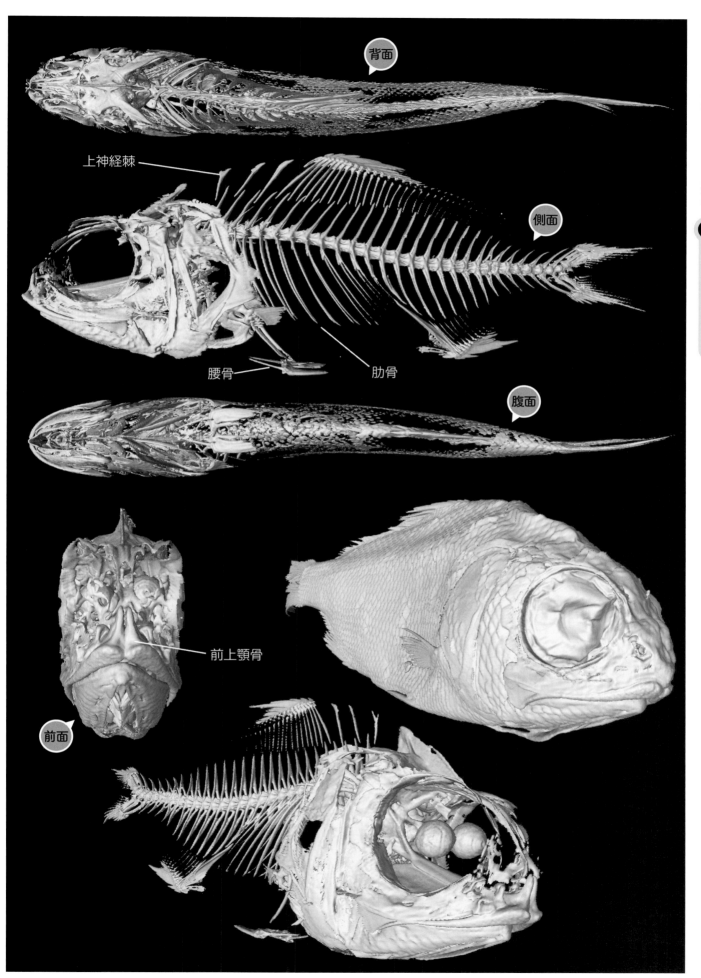

背面

上神経棘

側面

腰骨　　　　　　　肋骨

腹面

前上顎骨

前面

バケダラ

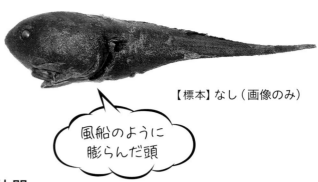

● 学名：*Squalogadus modificatus* Gilbert and Hubbs, 1916
● 学名の読み方：スクワロガドゥス・モディフィケータス
● 学名の意味：変形のスクワロガドゥス（＝バケダラ属）
● 系統学的位置：タラ目イッカクダラ科バケダラ属

【標本】なし（画像のみ）

風船のように
膨らんだ頭

生態

　水深600 〜 2,959 mの海底付近に生息します。日本では北海道沖のオホーツク海や青森県以南の太平洋から、海外では台湾、オーストラリア、ニューカレドニアおよびメキシコ湾などの他、ブラジル沖から採集されています。動物食ですが、詳しいことは不明です。

特徴

　オタマジャクシ形の体形で、頭は大きく、膨らみます。眼は小さく、両眼間隔域は盛り上がります。口は頭部の腹面にあります。歯は小さく、集まって歯帯をつくります。体は側扁し、尾鰭は糸状に伸びます。背鰭と臀鰭は低く、軟条のみからなります。胸鰭と腹鰭は小さいです。頭部と体の表面は小棘に変形した鱗におおわれています。生きている時は、全身が茶褐色〜黒色です。最大で全長46 cmくらいになります。

仲間

　バケダラ属にはバケダラだけが含まれます。近縁な属にはバケダラモドキ属がいます。後者はバケダラモドキのみを含み、腹鰭がないことでバケダラと区別できます。

豆知識

　頭蓋骨の表面は、頭部感覚管がはりめぐらされ、溝は薄い骨によって仕切られています（16ページも参照）。耳石も大きく、音を利用して周囲を探っていることがわかります。

　属名はツノザメを意味する「スクワロ」とタラの「ガドゥス」を合わせたものです。命名者は、この学名の意味を明記していません。「スクワロ」をどう解釈するか定説はありませんが、おそらく頭や体をおおう小棘を伴った変形鱗にちなんで「サメ肌のタラ類」という仮説が正しそうです。

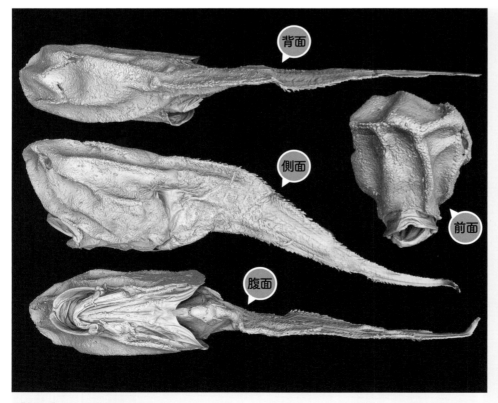

【標本】NSMT-P 97211

全長 22.1 cm

CTからわかること

　頭蓋骨の大部分は、頭部をおおう鱗と同じくらいの密度の薄い板状の骨からなります。眼は上顎先端のほぼ真上にあります。鼻骨は大きく、吻の大部分を支えます。脊椎骨の神経棘、血管棘は、背鰭・臀鰭担鰭骨よりも長くて頑丈です。頭蓋骨の前面、背面および側面と眼下骨の側面には大きな感丘が並びます。肋骨があります。

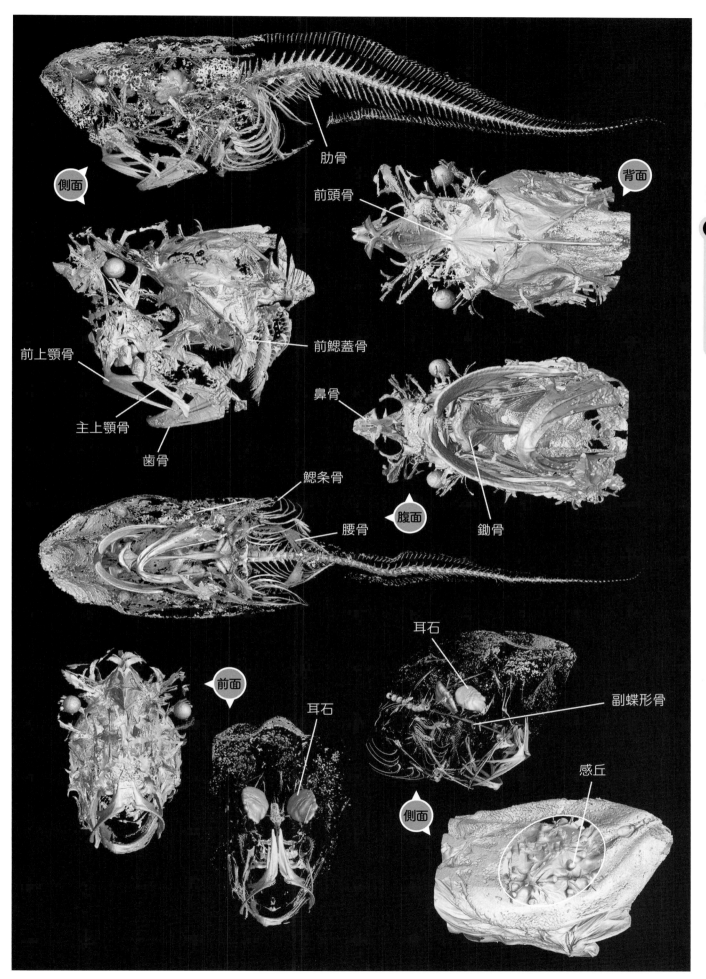

側面

肋骨

背面

前頭骨

前鰓蓋骨

前上顎骨

主上顎骨

歯骨

鼻骨

鰓条骨

腹面

腰骨

鋤骨

耳石

前面

副蝶形骨

耳石

側面

感丘

ミナミサイウオ

- ●学名:*Bregmaceros pseudolanceolatus* Torii, Javonillo and Ozawa, 2004
- ●学名の読み方:ブレグマセロス・シュードランセオラータス
- ●学名の意味:ランセオラータスという種に似ている(偽(にせ)の)ブレグマセロス(=サイウオ属)
- ●系統学的位置:タラ目サイウオ科サイウオ属

【標本】NSMT-P 115611

小さな一角獣(いっかくじゅう)

生態

中層に生息し、日本では東シナ海に、海外では台湾、南シナ海、タイランド湾、チモール海、アラフラ海、ベンガル湾などに分布します。遊泳性です。食性は不明ですが、近縁種と大きな違いがないと考えると、主に動物プランクトンを食べていると思われます。

特徴

体は細長く、側扁します。頭は小さく、吻は丸いです。後頭部の直後に背鰭の第1軟条が棘条に変化して長くなった擬棘があり、それ以外の背鰭軟条は、体の中央から後部にかけて大きな背鰭となります。擬棘から離れた背鰭と臀鰭は、前方の3分の1が高く、その直後の3分の1で急に低くなり、残りはやや高い形になります。腹鰭は喉にあり、非常に長く、体長の3分の1くらいです。生きている時の体色は、頭から体の背面は黒褐色で、側面と腹面は銀色がかっています。大半が黒褐色の胸鰭以外の鰭は半透明です。

仲間

サイウオ属には世界に15種が知られています。日本にはそのうち6種が分布します。

豆知識

属名のブレグマセロスは「頭頂部のツノ」という意味です。サイウオ属のサイは哺乳類奇蹄目のサイを指し、擬棘をツノに見立てたものと思われます。英名はユニコーン・コッド(Unicorn Cod:一角獣のようなタラ)です。

中層域にいること、小型で10cm前後にしかならないことなど、タラ目の中でも変わったグループです。

シュードランセオラータス(偽のランセオラータス)という種名のもとになったブレグマセロス・ランセオラータスは、日本ではこれまで採集された記録はありません。ランセオラータスは「尖った」という意味で、この種の尾鰭は後方が尖っているという特徴で、ミナミサイウオとは異なります。

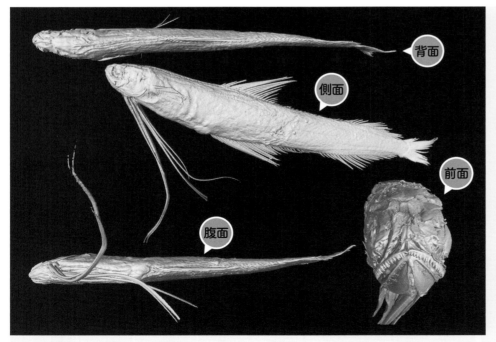

【標本】NSMT-P 115611

背面

側面

前面

腹面

全長 11.7 cm

CTからわかること

前頭骨には幅広い溝があります。前鰓蓋骨と下鰓蓋骨は大きく、主鰓蓋骨は後方が細長くなり、背側に反ります。烏口骨は板状で大きいです。擬鎖骨は喉の前方まで伸びます。神経棘と血管棘が長く、背鰭・臀鰭担鰭骨は短く、それぞれ神経棘と血管棘の半分以下です。肋骨があります。

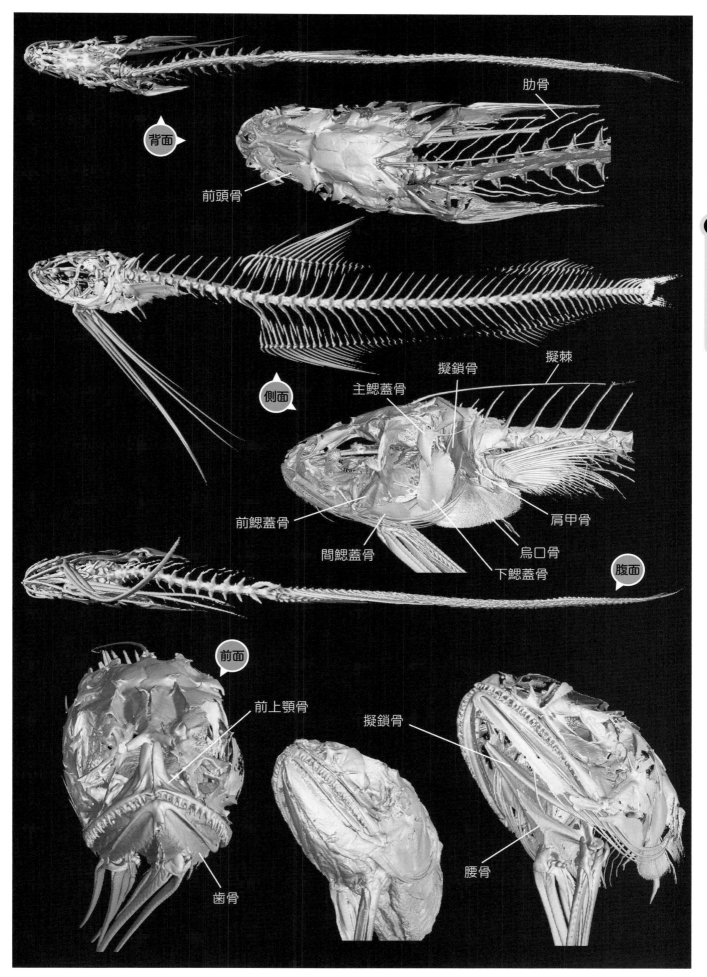

背面

肋骨

前頭骨

側面

擬鎖骨

擬棘

主鰓蓋骨

肩甲骨

前鰓蓋骨

間鰓蓋骨

烏口骨

下鰓蓋骨

腹面

前面

前上顎骨

擬鎖骨

歯骨

腰骨

ヒウチダイ

ザラザラな皮膚と
デコボコした頭

- ●学名：*Hoplostethus japonicus* Hilgendorf, 1879
- ●学名の読み方：ホプロステッサス・ヤポニカス
- ●学名の意味：日本（産）のホプロステッサス（＝ヒウチダイ属）
- ●系統学的位置：ヒウチダイ目ヒウチダイ科ヒウチダイ属

【標本】BSKU 95388（高知大学所蔵）

生態

　水深335〜950 mの海底付近に生息し、茨城県〜九州南部の太平洋沿岸、東シナ海などに分布します。魚類や甲殻類を食べています。

特徴

　体は楕円形で、側扁します。頭は大きく、頭蓋骨の背面、両顎、頬、眼を囲む骨の大部分が露出しています。眼は大きいです。下顎は上顎より少し前に出ます。両顎には絨毛歯があります。腹部には強固な鱗（稜鱗）が並んでいます。側線鱗は、体表にある他の鱗よりも大きいです。生きている時の体色は淡紅色で、金属光沢があります。鰭は体色よりも濃い紅色で、尾鰭の後縁は黒色です。標準体長で最大20 cmくらいになります。

仲間

　ヒウチダイ属は日本に3種、世界に27種程度が知られています。

豆知識

　和名のヒウチダイは火打石（または燧石）を入れる巾着袋のような体形に由来します。

　属名のホプロステッサスは「武器の胸」という意味で、腹部を保護する硬い稜鱗があることを指しています。

　同じような場所で漁獲されるキンメダイに比べると、食用魚としての知名度は低いものの、食べてみると脂がのって美味しいといわれています。

　ヒウチダイ属には南太平洋の一部と大西洋に生息し、全長50 cmを超える最大種のオレンジラフィーが含まれます（COLUMN 3参照）。オレンジラフィーはオーストラリアやニュージーランドでは産業重要種で、現地の他に欧米などで高級白身魚として食べられています。

　ラフィー（Roughy）はヒウチダイ科魚類の英名です。「（皮膚が）ザラザラしている」という意味です。

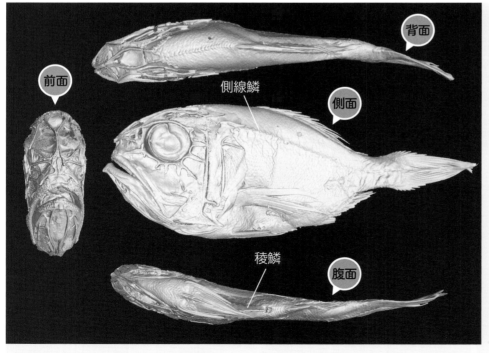

前面　側線鱗　背面　側面　稜鱗　腹面

【標本】NSMT-P 141171　　標準体長：9.7 cm（全長13.1 cm）

CTからわかること

鼻骨は大きく、吻部の背面をおおいます。前上顎骨の上向突起は太くて長いです。前頭骨の背面には幅広い溝があります。腰骨は擬鎖骨につきます。上神経棘があります。背鰭・臀鰭担鰭骨の前方の数本はしっかりしています。肋骨があります。

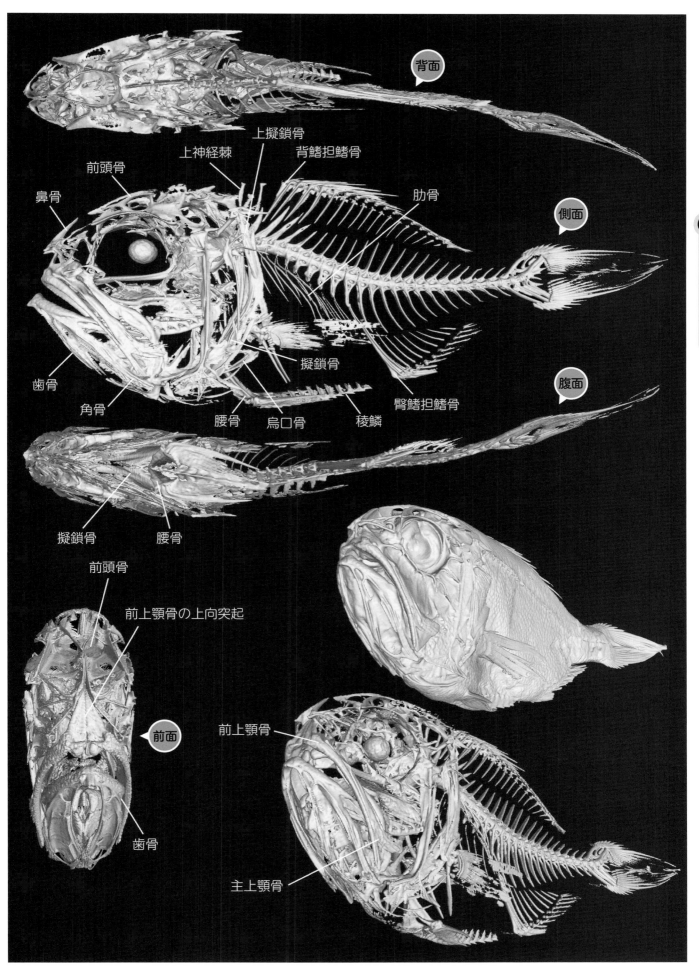

背面

上擬鎖骨

上神経棘   背鰭担鰭骨

前頭骨   肋骨

鼻骨   側面

歯骨

角骨   擬鎖骨

腰骨   烏口骨   稜鱗   腹面

臀鰭担鰭骨

擬鎖骨   腰骨

前頭骨

前上顎骨の上向突起

前面

前上顎骨

歯骨

主上顎骨

ヤツメダルマガレイ

● 学名：*Tosarhombus octoculatus* Amaoka, 1969
● 学名の読み方：トサロンバス・オクトキュラータス
● 学名の意味：8つの眼があるトサロンバス
（＝ヤツメダルマガレイ属）
● 系統学的位置：カレイ目ダルマガレイ科ヤツメダルマガレイ属

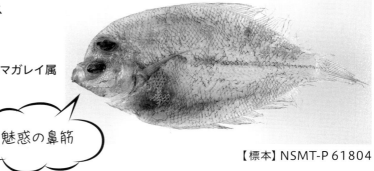

魅惑の鼻筋

【標本】NSMT-P 61804

生態

水深200〜500mの大陸棚や大陸斜面に生息します。日本では四国の太平洋側、九州沖縄の東シナ海側に、海外では台湾、フィリピンに分布します。小型の動物を捕食します。両眼の間隔、胸鰭の長さなど、雌雄で違い（二次性徴）があります（オスの方がメスよりも両眼の間が広く、胸鰭が長い）。

特徴

体は楕円形で側扁します。口は小さく、左眼の前にあります。両眼が体の左側にあり、離れています。胸鰭は有眼側で長く、無眼側で短くて小さいです。生きている時には、頭部の前縁には6つの黄白色の斑紋が並びます。有眼側は暗色で、無眼側は乳白色です。標準体長で最大16cmくらいになります。

仲間

ヤツメダルマガレイ属には世界に5種いますが、日本にはヤツメダルマガレイのみが分布しています。

豆知識

ヤツメダルマガレイの「ヤツメ」は、本来の2つの眼の他に、6つの黄白色の眼状の斑紋があり、合計8つの眼があるように見えるからです。ヤツメウナギの「ヤツメ」は鰓孔が体の片側に7つあり、本当の眼と合わせて8つの眼（左右合計16個）があるように見えるという意味ですが、ヤツメダルマガレイは、左右の眼を入れて8つの眼という違いがあります。

属名のトサロンバスは、「土佐（産）のロンバス（カレイの仲間）」という意味です。

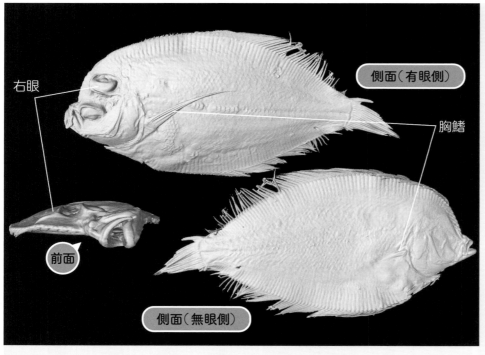

右眼

側面（有眼側）

胸鰭

前面

側面（無眼側）

【標本】NSMT-P 61804　　　標準体長：8.9cm（全長10.9cm）、メス個体

CTからわかること

上顎や下顎の骨は比較的小さく、眼よりも前にすべてが集まっています。両眼間隔域付近の前頭骨は広く、凹みます。歯骨は無眼側側へ傾きます。第1〜6背鰭軟条の担鰭骨は1枚の板状になります。第1〜6臀鰭軟条は1本の担鰭骨についています。4列の肉間骨があります。腰骨が臀鰭担骨の直前にあります。

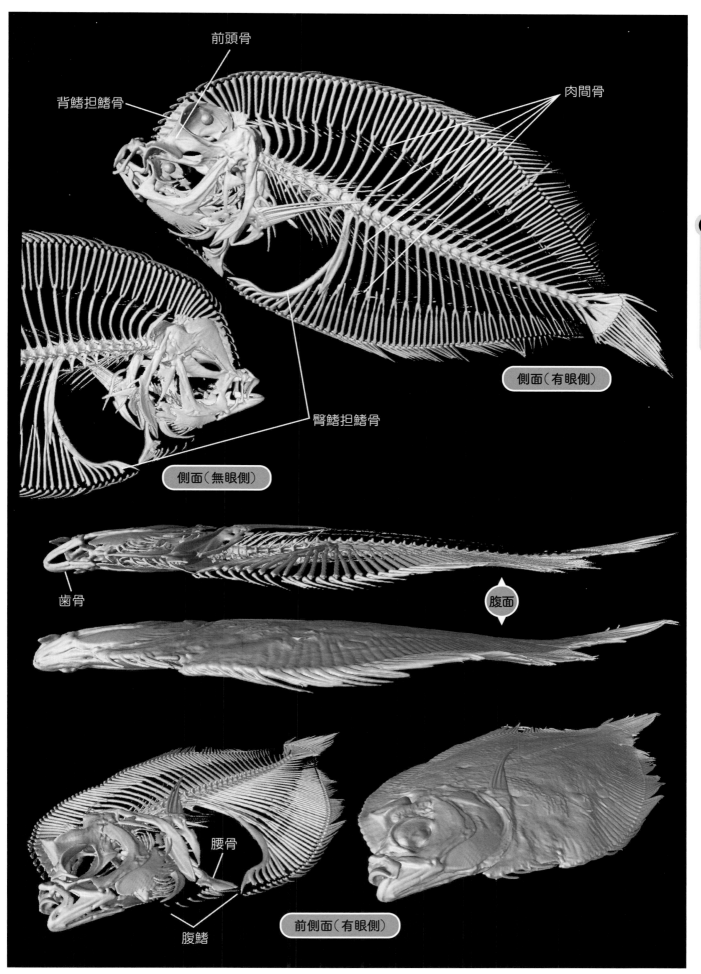

前頭骨

背鰭担鰭骨

肉間骨

側面（有眼側）

臀鰭担鰭骨

側面（無眼側）

歯骨

腹面

腰骨

腹鰭

前側面（有眼側）

サギフエ

- ●学名：*Macroramphosus sagifue* Jordan and Starks, 1902
- ●学名の読み方：マクロランホサス・サジフュエ
- ●学名の意味：サジフュエと（現地で）呼ばれている
  マクロランホサス（＝サギフエ属）
- ●系統学的位置：ヨウジウオ目サギフエ科サギフエ属

薄い体と防護服

【標本】NSMT-P 143408

生態

水深500 mまでの砂底に生息します。日本近海の他、東シナ海に分布しています。幼魚はカイアシ類（動物プランクトンで、コペポーダと呼ばれる甲殻類）を、成魚は底生動物を捕食します。普段は頭を斜め下に傾けて遊泳します。胸鰭を利用して水中でホバリングするような動きをします。

特徴

体は側扁します。吻は管状に伸び、小さい口がその先端にあります。背鰭は前後2つに分かれ、前の背鰭は4〜8本の棘条からなりますが、2番目は太くて長く、さらに後縁がノコギリ状になっています。体は細かい鱗におおわれています。生きている時は体が薄紅色で、ところどころ銀白色が混ざります。

仲間

サギフエ科は世界に3属約11種いますが、日本にはサギフエ属しか分布していません。サギフエ属には2種が知られ、サギフエ以外にダイコクサギフエ（*Macroramphosus japonicus*：マクロランホサス・ヤポニクス）がいます。

豆知識

口がストロー状で、吸い込む力を高めています。この特徴はヨウジウオ目に共通しています。

学名のサジフュエは、日本語の「サギフエ」がもとになっています。学名をつける時には、体の特徴や採集場所以外に現地での呼び名を採用する場合があります。日本人にとっては「サ・ギ・フ・エ」と発音しやすいのですが、海外の人には発音の難しい学名だと思われます。反対に、日本人には発音しにくい学名もたくさんあります。特に現地での呼び名がもとになる地方名にその傾向が多いと感じます。

漢字では「鷺笛」と書きます。笛は「喉」を意味し、サギのようなクチバシをもった姿を表現したのだと思います。

属名のマクロランホサスのマクロは、ギリシャ語で「大きい」を、ランホサスはラテン語で「クチバシ」を意味します。

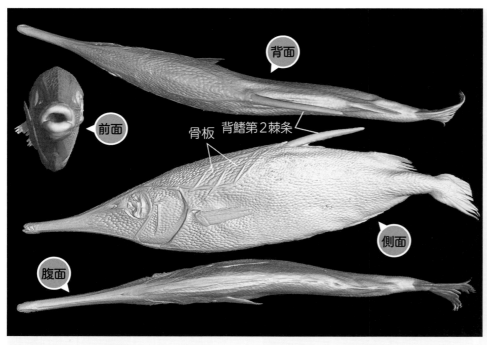

背面

前面

骨板　背鰭第2棘条

側面

腹面

【標本】NSMT-P 46560　　標準体長：11.6 cm（全長12.9 cm）

CTからわかること

頭蓋骨と鰓蓋の骨が固着し、体の前方側面（胸鰭と背鰭の間）と腹面に骨板があります。肩帯はしっかりした骨で形成され、胸鰭や腹縁を保護しています。肋骨はありませんが、前方にある数個の脊椎骨の側面から突起（横突起）が出て、体側面にある骨板を内側から支えます。

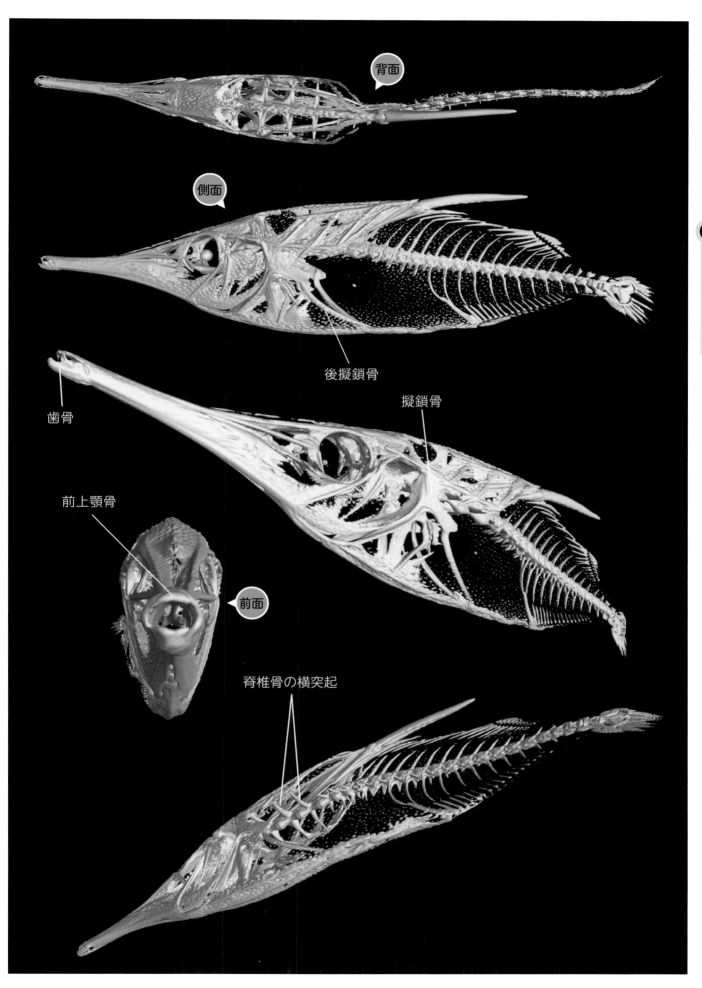

❸ ボウズコンニャク

●学名：*Cubiceps whiteleggii*（Waite, 1894）
●学名の読み方：キュビセプス・ホワイトレッギィー
●学名の意味：ホワイトレッグ氏のキュビセプス
　（＝ボウズコンニャク属）
●系統学的位置：サバ目エボシダイ科ボウズコンニャク属

喉の奥に粉砕機

【標本】BSKU 95556（高知大学所蔵）

生態

　水深200 〜 400 mに生息し、日本では相模湾、山陰沖以南、東シナ海に、海外ではインド、西部太平洋、アラビア海に分布します。肉食性で、クラゲ類や甲殻類を食べています。

特徴

　体は側扁します。吻は出ています。胸鰭は大きく、その付け根は体軸に対してやや平行です。鱗は円鱗で小さく、はがれやすいです。生きている時の体色はくすんだ銀色で、頭と体の背面と尾鰭の後半は暗色です。肩の部分に黒い斑紋があります。標準体長で最大20 cmくらいになります。

仲間

　ボウズコンニャク属には世界に11種程度が知られ、日本にはボウズコンニャクを含めて4種がいます。

豆知識

　ボウズは頭の表面に突起がなく、なめらかである特徴に由来します。「コンニャク」という名前がついていますが、成魚の体は硬くてしっかりしています。体が柔らかい（＝寒天質）のは幼魚の特徴で、クラゲなどの浮遊物について海の表層近くに生息しています。

　種の学名のホワイトレッギィーは、オーストラリア博物館のトーマス・ホワイトレッグに由来します。同博物館の魚類標本コレクションの構築に貢献した研究者です。海岸に打ち上げられた状態の良い標本をいくつも採集しました。

　属名のキュビセプスは「立方体の頭」という意味で、この属を代表するキュビセプス・グラシリス（*Cubiceps gracilis*）という種の頭の形からきています。ボウズコンニャクは、この特徴があまり出ていません。

　咽頭嚢はエボシダイ科を含むイボダイ類の特徴です。この器官の内側には歯があり、飲み込んだ獲物を咀嚼する機能があります。

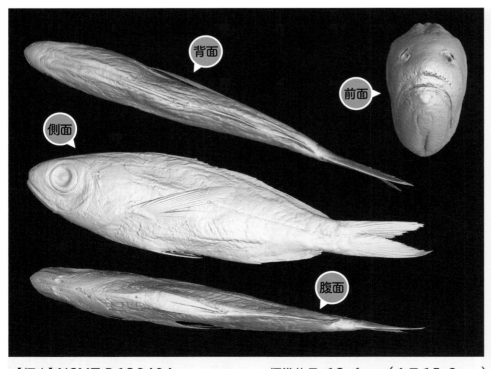

背面

前面

側面

腹面

【標本】NSMT-P 138404　　　標準体長：12.6 cm（全長15.8 cm）

CTからわかること

眼は大きく、眼球は強膜骨で保護されます。烏口骨は大きく、胸の部分を強固にしています。上神経棘は3本です。背鰭、臀鰭担鰭骨は前方の数本をのぞき短いです。脊椎骨はほぼ直線に並び、背側にある神経棘と腹側の血管棘は長いです。肋骨と肉間骨があります。鰓弓のすぐ後ろに咽頭嚢があります。

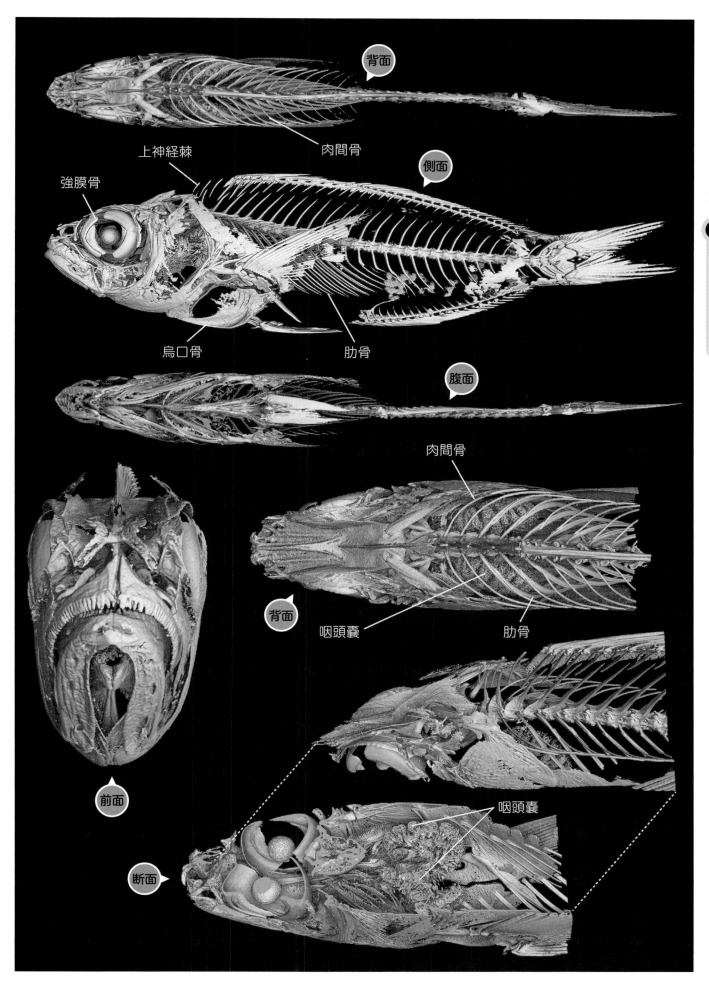

背面

肉間骨

上神経棘

強膜骨

側面

烏口骨

肋骨

腹面

肉間骨

背面

咽頭嚢

肋骨

前面

咽頭嚢

断面

❸ 体の一部が変化する

ツボダイ

- 学名：*Pentaceros japonicus* Steindachner, 1883
- 学名の読み方：ペンタセロス・ヤポニクス
- 学名の意味：日本（産）のペンタセロス（＝ツボダイ属）
- 系統学的位置：スズキ目カワビシャ科ツボダイ属

硬い鱗と強いトゲ

【標本】NSMT-P 144298

生態

水深1,000 mまでの大陸棚や大陸斜面の砂泥底や岩礁域に生息します。日本周辺の他、台湾、ハワイ諸島、オーストラリア、ニュージーランドなどに分布します。幼魚の時は表層で生活しています。主に魚類を食べます。

特徴

体は五角形で、側扁します。体高は体長の1/2を超えます。眼が大きく、周囲は骨で囲まれています。口が小さく、頭の前端にあります。胸鰭が長く、発達します。頭部は骨板でおおわれています。頑丈な棘条が背鰭に11本、腹鰭に1本、臀鰭に4～5本あり、特に背鰭第3棘と腹鰭棘が大きいです。鱗は体側と頬部にあり、皮膚に強固についています。側線は鰓蓋の上端から始まり、背鰭に沿って走り、尾鰭の中央に続きます。体は褐色で、頬部や腹部は銀白色をしています。標準体長で最大30 cmくらいになります。

仲間

ツボダイ属は世界に6種、日本から2種知られています。ツボダイとクサカリツボダイは「ツボダイ」という商品名で流通しています。

豆知識

ツボダイは成長によって頭部や体の模様が変化します。幼魚の体には不規則な模様（雲形模様）があります。稚魚期（体長10～95 mm）は頭部背面に5本のツノのような突起があります。

漢字では「壺鯛」と書きますが、壺の意味は不明です。ツボダイという名が先にあり、音をあてたのかもしれません。

属名のペンタセロスはギリシャ語で「5本のツノ」を意味します。この属を代表するペンタセロス・カーペンシス（*Pentaceros capensis*）という種の最初に発見された個体が幼魚だったことに関係しています。

CTからわかること 頭蓋骨の背面と鰓蓋の骨は露出します。涙骨は大きく、眼と上顎の間をおおいます。上神経棘があります。背鰭棘条を支える担鰭骨は前方のものほど大きいです。体表の鱗は腹側ほどしっかりとしています。臀鰭棘条を支える担鰭骨は血管棘と固着します。

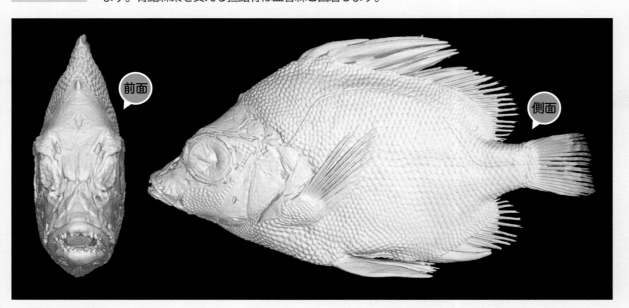

前面　側面

【標本】NSMT-P 120093

標準体長：10.2 cm（全長12.2 cm）

106

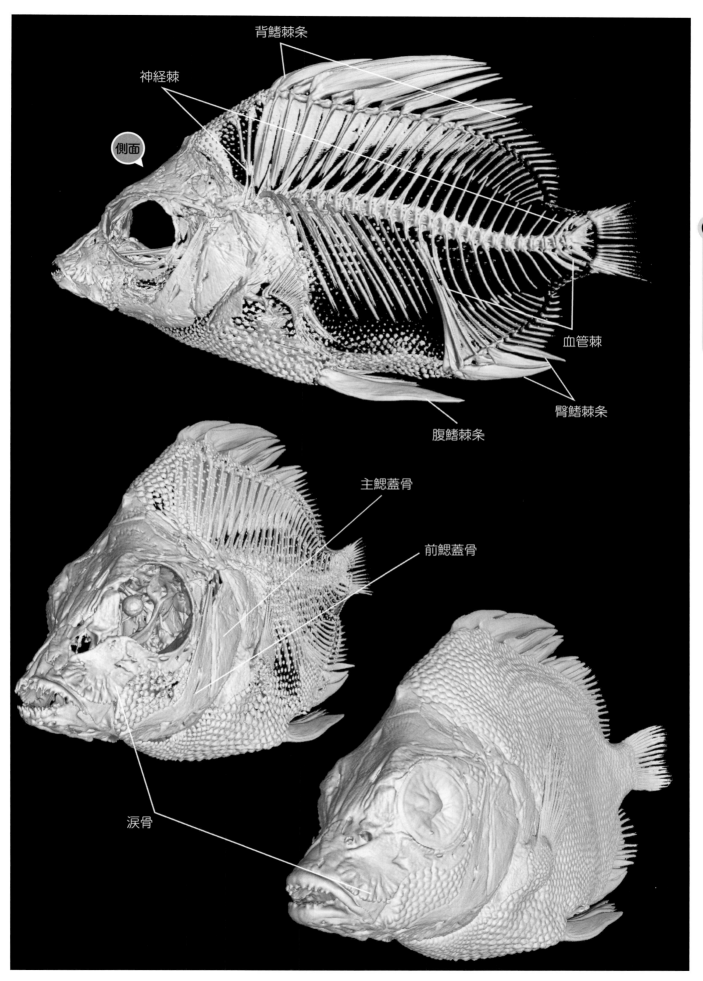

背鰭棘条

神経棘

側面

血管棘

臀鰭棘条

腹鰭棘条

主鰓蓋骨

前鰓蓋骨

涙骨

ヒメシマガツオ

- 学名：*Brama dussumieri* Cuvier, 1831
- 学名の読み方：ブラマ・ドゥスミエリ
- 学名の意味：ドゥスミエ氏のブラマ（＝シマガツオ属）
- 系統学的位置：スズキ目シマガツオ科シマガツオ属

小さい銀のプレート

【標本】NSMT-P 132445

生態

外洋性で水深300 mまで生息し、相模湾以南の太平洋側、東シナ海の他、インド洋や赤道をはさみ南北20°までの太平洋と大西洋に分布しています。魚類、頭足類、甲殻類などを食べます。

特徴

体は楕円で、側扁しています。背鰭と臀鰭は軟条のみからなります。胸鰭は長くて大きいです。尾鰭の付け根（尾柄）が細く、尾鰭は二又します。頭部の大部分と体ははがれにくい鱗で密におおわれ、特に体側の表面は工具の「複目（刃が交差した）やすり」の磨き面に似ています。生きている時の体色は鈍い銀色で、背中は他の部分よりも暗い色をしています。標準体長で最大20 cmくらいになります。

仲間

シマガツオ属は日本に3種、海外に5種いることが知られています。

豆知識

種の学名はフランス・ボルドーの海運業者で、冒険家でもあったジャン・ジャック・ドゥスミエに由来します。パリ自然史博物館の動物標本コレクションの充実化に貢献した人物です。命名者のキュビエは、比較解剖学、古生物学などで有名なジョルジュ・キュビエです。魚類の新種も多数記載しています。

ヒメシマガツオの「ヒメ」は姫のことで、小さくてかわいらしいという意味が込められています。シマガツオは漢字で「縞鰹」または「島鰹」と書きますが、カツオ（サバ目サバ科）に近縁というわけではありません。

シマガツオ属の大部分の種は大型になり、標準体長で50 cmを超えます。尾柄は細く、尾鰭が二又し、背鰭と臀鰭の付け根を鱗でおおうことで水の抵抗を減らし、高速遊泳することができます。

背面
側面
腹面
前面

【標本】NSMT-P 132445　　標準体長：5.1 cm（全長7.9 cm）

CTからわかること

前上顎骨よりも歯骨が少し前に出ます。上神経棘があります。肩帯はしっかりしており、特に擬鎖骨、烏口骨および後擬鎖骨が腹部を支えます。腰骨は大きいです。背鰭・臀鰭担鰭骨は華奢です。神経棘、血管棘は細く、さらに細い肋骨があります。

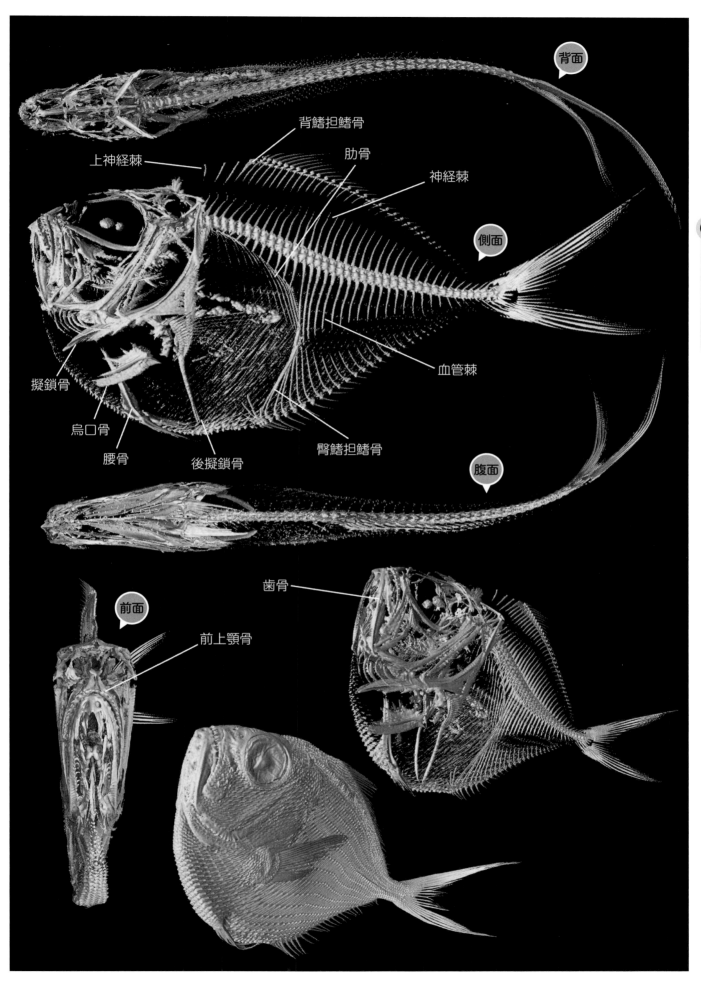

背面

背鰭担鰭骨

肋骨

神経棘

上神経棘

側面

擬鎖骨

血管棘

烏口骨

腰骨　　　後擬鎖骨　　　臀鰭担鰭骨

腹面

歯骨

前面

前上顎骨

ホウボウ

- ●学名：*Chelidonichthys spinosus*（McClleland, 1843）
- ●学名の読み方：ケリドニクチス・スピノーサス
- ●学名の意味：トゲトゲのケリドニクチス（＝ホウボウ属）
- ●系統学的位置：カサゴ目ホウボウ科ホウボウ属

胸鰭の一部で
海底歩行

【標本】NSMT-P 77060

生態

　水深600ｍまでの海底に生息し、日本では北海道以南に、海外では南シナ海に分布します。甲殻類、魚類などを食べています。鰾を筋肉で収縮させて音を出します。3本の胸鰭遊離軟条を砂底に接地させて、歩くような姿で海底を移動します。

特徴

　頭部は骨が露出し、強固です。側面を見ると吻は尖っていますが、背面から見ると吻突起は目立ちません。胸鰭の真上に強い棘が1本あります。背鰭は2基あり、第1背鰭は棘条、第2背鰭は軟条からなります。背鰭の根もとには骨質板が並びます。胸鰭は長く、臀鰭の前方3分の1に達し、腹部の3本の鰭条は、他と鰭膜でつながらず、遊離軟条になります。尾鰭の後縁は少し湾入します。頭部の大部分と体の背側半分は赤色で、残りの部分は白色です。背鰭、腹鰭、尾鰭は赤く、臀鰭は白色です。胸鰭の外側は赤く、内側は深緑の地に青い斑点があります。成長すると全長40 cmくらいになります。

仲間

　ホウボウ属は世界に7種が知られており、そのうち日本にはホウボウだけが分布します。

> 豆知識

　種名の「トゲトゲの」は、後頭部、前鰓蓋骨、主鰓蓋骨および胸鰭の背側にある棘を指します。それぞれの棘は頑丈でよく尖っています。素手で触れると危険です。

　属名のケリドニクチスは「スズメ（鳥類）のような魚」という意味で、胸鰭が大きく、翼のように開く姿からきています。3対の胸鰭遊離軟条の先端には感覚器官があり、海底に隠れる獲物の探索に使います。

　英名はジャパニーズ・ロビン（Japanese Robin）です。ホウボウ科魚類の総称として使われるロビンは、鳥類ではコマドリ類のことを指します。

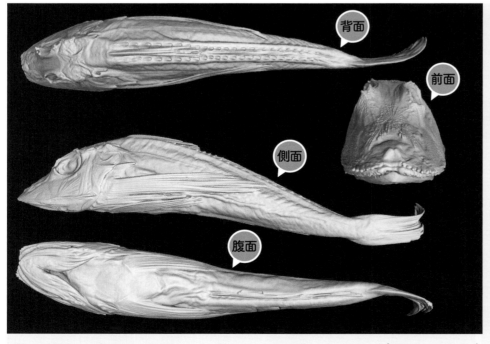

背面

前面

側面

腹面

【標本】NSMT-P 100966　　　　標準体長：11.2 cm（全長13.9 cm）

CTからわかること

前頭骨は幅広く、鼻骨や頭頂骨と共に頭部背面を強固にします。眼下骨は板状で、吻部から頬部をおおい、頭部側面を強固にしています。肩帯の擬鎖骨や射出骨はしっかりしています。前上顎骨は歯骨よりも前に出ます。背鰭担鰭骨は背側で水平方向に広がり、骨質板になります。腰骨は大きく、左右の擬鎖骨に固着します。

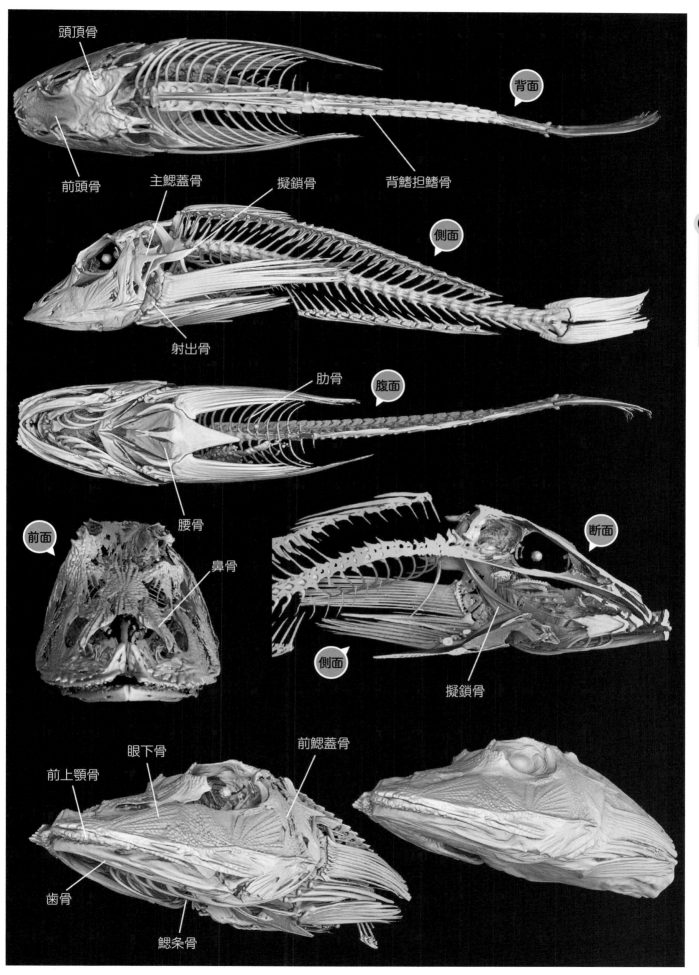

頭頂骨

前頭骨　主鰓蓋骨　擬鎖骨　背鰭担鰭骨

背面

側面

射出骨

肋骨　腹面

腰骨

前面

鼻骨

断面

側面

擬鎖骨

眼下骨　前鰓蓋骨

前上顎骨

歯骨

鰓条骨

ソコハリゴチ

●学名：*Hoplichthys gilberti* Jordan and Richardson, 1908
●学名の読み方：ホプリクチス・ギルバーティ
●学名の意味：ギルバート氏のホプリクチス（＝ハリゴチ属）
●系統学的位置：カサゴ目ハリゴチ科ハリゴチ属

【標本】NSMT-P 114303

食用にならない
スリムな体

生態

　大陸棚や水深約400 mまでの大陸斜面の砂泥底に生息し、日本では京都府以南の日本海、福島県以南の太平洋岸および東シナ海に、海外では朝鮮半島、台湾、中国の海南島、ニュージーランドに分布します。小型の甲殻類や多毛類（ゴカイ類）を食べています。

特徴

　頭と体は縦扁し、背面や側面にはたくさんの棘があります。吻はへら状です。両顎の歯は絨毛状です。両眼間隔は狭いです。体の背側には27個の骨板が並び、各骨板には鋭い棘が1本あります。胸鰭の腹側には3本の短い遊離軟条があります。生きている時は、背側が黄褐色で、腹側は白色で、尾鰭の背側と背鰭は黄色です。標準体長で最大20 cmくらいになります。

仲間

　ハリゴチ属は世界に17種が知られ、日本にはそのうち6種がいます。ハリゴチ科はハリゴチ属だけを含みます。

豆知識

　種の学名のギルバーティは、アメリカの魚類学者のチャールズ・ヘンリー・ギルバートに由来します。北太平洋の魚類、特にサケ科の研究で有名です。1906年にはアメリカ合衆国水産局の調査船アルバトロス号に乗って来日し、日本周辺の調査も行いました。

　ソコハリゴチは「底針鯒」と書きます。深海底に棲み、針のような棘を背中に生やしていることが由来です。

　肉が少ないので漁獲対象になりません。味も取り立てて美味しくはないようです。

　属名のホプリクチスは、ギリシャ語で「武器の魚」という意味です。頭や背中にたくさんの棘があることを指しています。和名の意味する「針」とも重なります。

　ハリゴチ科魚類の英名はゴースト・フラットヘッド（Ghost Flathead）です。フラットヘッドはコチ科やその近縁な魚類の総称です。ゴーストは一般に幽霊や亡霊と訳されますが、その他にも「やつれた人」という意味があります。露出した頭蓋骨や背中に並ぶ骨板がヒトのドクロや肋骨、背骨をイメージさせるのかもしれません。

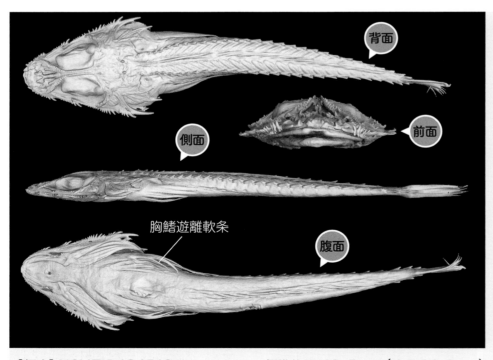

背面

側面

前面

胸鰭遊離軟条

腹面

【標本】NSMT-P 134512　　　　標準体長：12.5 cm（全長14.0 cm）

CTからわかること

頭部の背面（前頭骨など）や側面（涙骨を含む眼下骨、前鰓蓋骨、主鰓蓋骨など）に棘が並びます。頭部の腹面の角骨にも棘があります。体の背面には鱗が巨大になってできた骨板が並びます。腰骨は大きく、板状です。肋骨があります。

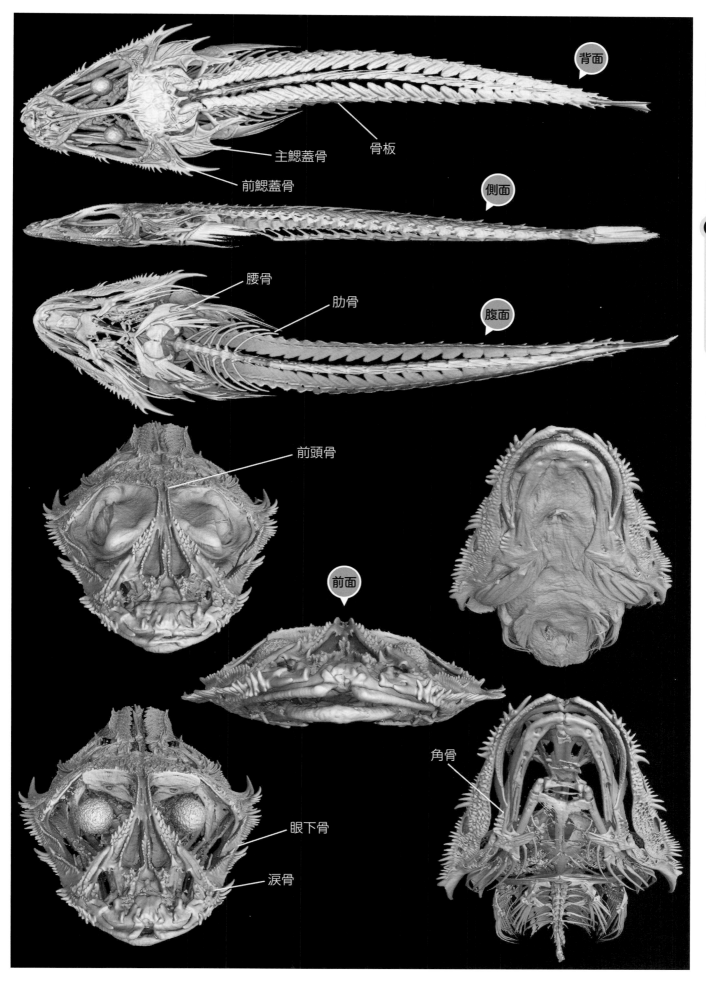

背面

骨板

主鰓蓋骨

前鰓蓋骨

側面

腰骨

肋骨

腹面

前頭骨

前面

角骨

眼下骨

涙骨

アゴゲンゲ

● 学名：*Lycodes toyamensis*（Katayama, 1941）
● 学名の読み方：ライコーデス・トヤメンシス
● 学名の意味：富山（湾の）ライコーデス（＝マユガジ属）
● 系統学的位置：カサゴ目ゲンゲ科マユガジ属

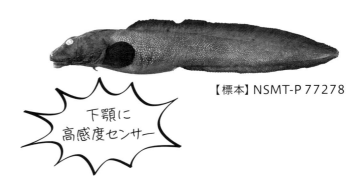

下顎に
高感度センサー

【標本】NSMT-P 77278

生態

水深200〜800 mの海底に生息し、日本では山陰地方以北の日本海やオホーツク海に、海外では朝鮮半島やロシアの沿海州に分布します。貝類、甲殻類、小型魚類などを食べています。

特徴

下顎の腹面によく発達した板状の隆起（キール）があり、前方でコブをつくります。背鰭、尾鰭および臀鰭はつながり、境界線ははっきりしません。大きい胸鰭とは対照的に腹鰭は小さく、棘条1本と軟条2本からなります。体や鰭の付け根は円形の鱗でおおわれます。生きている時は全体的にこげ茶色で、胸鰭だけが黒色です。成長すると全長40 cmくらいになります。

仲間

マユガジ属は、世界に約60種知られています。アゴゲンゲは腹鰭に棘条があることで、ヒナゲンゲ（日本海とオホーツク海に生息）とハナゲンゲ（オホーツク海）に近縁と考えられています。

豆知識

種の学名のトヤメンシスは、トヤマ（富山）に場所であることを意味する接尾語のエンシス（-ensis）がついたものです。トヤマエンシスではなく、発音しやすいようにトヤメンシスと短くなっています。

アゴゲンゲを含むマユガジ属は、下顎にキール（軟骨でできた板状の出っぱり）があり、これを海底に接地することで、海底にいる獲物を探していると考えられます。特にアゴゲンゲは下顎の先端腹側に目立ったコブがあり、これが和名の由来です。

日本海の深海にはあまりたくさんの種がいません。特に発光器をもつ種がほとんどいないのが日本海の特徴です。そして日本海の深海底は、太平洋にはいないアゴゲンゲなどのゲンゲ科魚類で占められています。

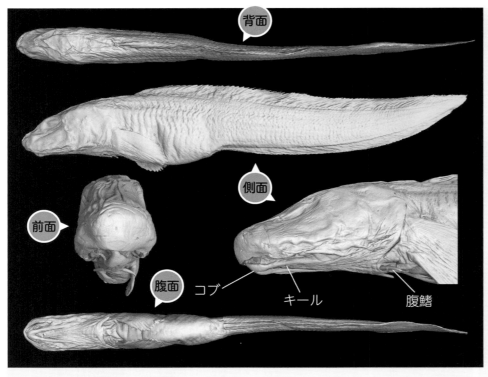

背面
側面
前面
腹面　コブ　キール　腹鰭

【標本】NSMT-P 64580

全長 18.0 cm

CTからわかること

下顎は上顎の内側におさまり、両顎の歯はかみ合いません。歯骨と角骨の側面には頭部感覚管の開口部が並びます。腰骨は小さいです。肋骨と肉間骨は短く、腹部は無防備です。

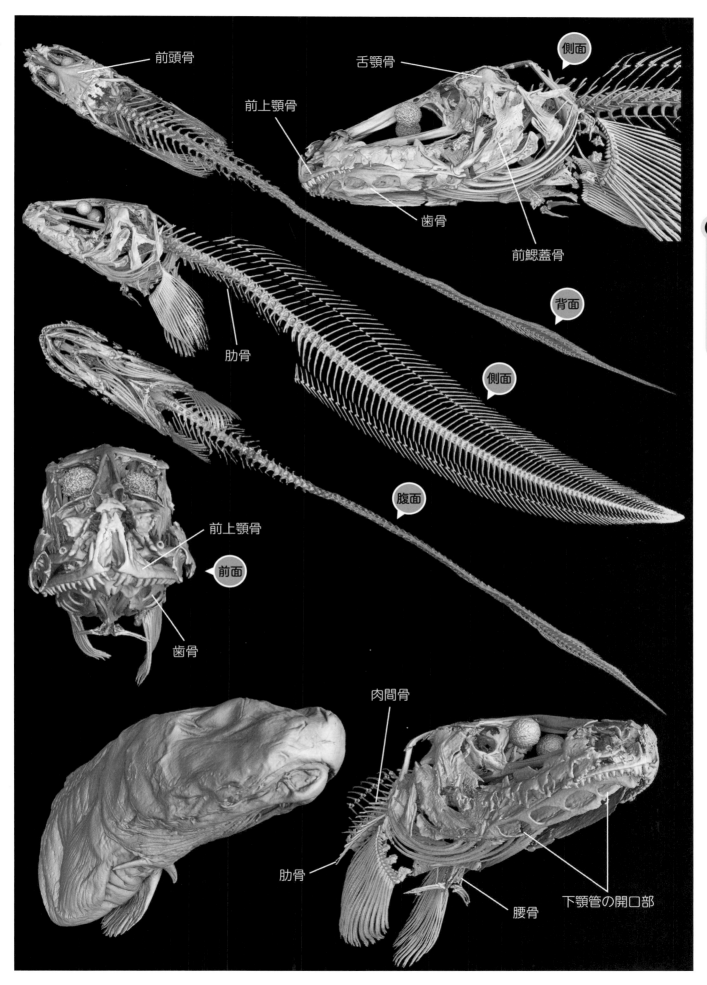

前頭骨

舌顎骨

前上顎骨

側面

歯骨

前鰓蓋骨

背面

肋骨

側面

腹面

前上顎骨

前面

歯骨

肉間骨

肋骨

腰骨

下顎管の開口部

ネズミギンポ

- 学名:*Lumpenella longirostris* (Evermann and Goldsborough, 1907)
- 学名の読み方:ルンペネーラ・ロンギロストリス
- 学名の意味:鼻の長いルンペネーラ(=ネズミギンポ属)
- 系統学的位置:カサゴ目タウエガジ科ネズミギンポ属

海底の
トゲネズミ

【標本】NSMT-P 76201

生態

水深1,140 mまでの海底に生息し、日本では富山県以北の日本海、茨城県以北の太平洋に、海外ではオホーツク海、ベーリング海、グリーンランドなどに分布します。主に甲殻類や軟体動物を食べ、魚類などを捕食することもあります。

特徴

体は細長いです。眼は大きく、口は小さいです。吻は上唇（くちびる）と癒合し、膨らみます。前鼻孔は管状です。背鰭には60本以上の短くて先端の鋭い棘条があり、後方のものよりも短いです。腹鰭は小さく、棘条は強くて硬いです。胸鰭は大きく、うちわ状です。頭全体が小さい鱗でおおわれます。側線はありません。体は暗褐色で、各鰭は黒色です。標準体長で最大35 cm(全長で40 cm)くらいになります。

仲間

ネズミギンポ属にはネズミギンポ1種のみが含まれます。

豆知識

ネズミギンポの英名はロングスナウト・プリックルバック(*Longsnout Prickleback*)で、吻の長いタウエガジという意味です。底曳網で大量に獲れるので、海底に高い密度で生息していますが、食用には利用されていません。

属名のルンペネーラはウナギガジ属(*Lumpenus*:ルンペヌス)に似たものという意味です。ウナギガジ属はウナギのように体が細長いタウエガジ科魚類です。

他の魚類は背鰭に軟条がありますが、タウエガジ科は、進化の過程でもともと軟条だった部分が棘条に置きかわっています。たくさんの背鰭棘条は防御に利用されていると考えられます。

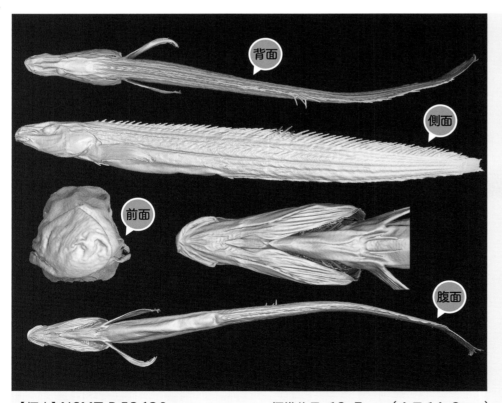

【標本】NSMT-P 53638　　標準体長:12.7 cm(全長14.2 cm)

CTからわかること

前上顎骨、主上顎骨および歯骨は吻端近くにあります。前頭骨は両眼間隔域で細く、それ以外は幅広いです。前鰓蓋骨や主鰓蓋骨には棘がありません。下鰓蓋骨は板状で大きいです。尾鰭は背鰭と臀鰭と完全には連続しません。肋骨と肉間骨があります。腰骨は小さく、肩帯の擬鎖骨と固着しています。

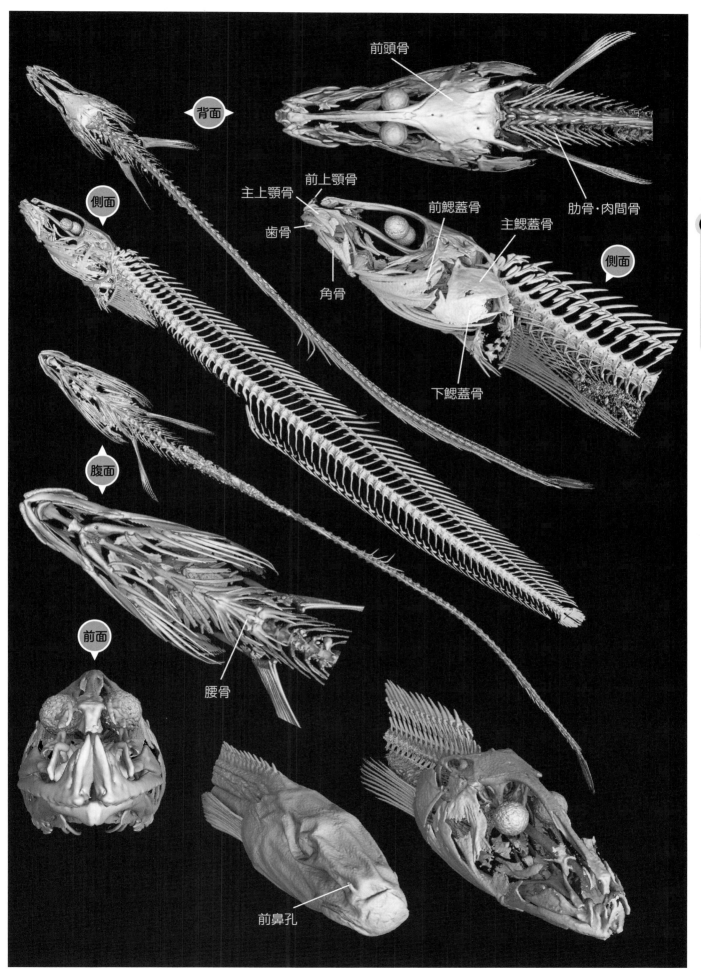

背面

前頭骨

肋骨・肉間骨

側面

前上顎骨

主上顎骨

歯骨

角骨

前鰓蓋骨

主鰓蓋骨

側面

下鰓蓋骨

腹面

前面

腰骨

前鼻孔

❸ トリカジカ

●学名：*Ereunias grallator* Jordan and Snyder, 1901
●学名の読み方：エレウニアス・グラレイトル
●学名の意味：竹馬に乗る人のようなエレウニアス（＝トリカジカ属）
●系統学的位置：カサゴ目トリカジカ科トリカジカ属

【標本】なし（画像のみ）

深海の
ニワトリ

生態

　水深200〜1,000 mの砂泥底に生息し、青森県の太平洋側〜東シナ海などに分布します。食性は詳しくはわかっていませんが、近縁のマルカワカジカ属のマルカワカジカ（*Marukawichthys ambulator*：マルカウィクチス・アンビュレートル）と同じように、底生動物（マルカワカジカはクモヒトデ類）を食べていると考えられます。

特徴

　頭が大きく、吻が尖ります。眼が大きく、両眼の間は狭いです。頭部の背側に棘が並びます。体は後方に向かって細くなり、棘が複数の列をつくって並びます。腹鰭はありません。胸鰭は大きく、腹側の4本の軟条は他から独立して長くなります（遊離軟条）。頭と体は変形した小さい鱗におおわれます。生きている時は、体は黒褐色で、背鰭、臀鰭および尾鰭に白色の帯があります。標準体長で最大30 cmくらいになります。

仲間

　トリカジカ属はトリカジカ1種からなります。トリカジカ科には、トリカジカ属とマルカワカジカ属が含まれます。マルカワカジカ属はマルカワカジカだけを含みます。この2種は姿がよく似ていますが、マルカワカジカには腹鰭があり、吻があまり尖りません。

豆知識

　トリカジカの「トリ」はニワトリを指しています。その頭が羽毛をむしり取ったニワトリに似ているところから名づけられました。

　トリカジカ科は、胸鰭の遊離軟条を利用して海底から体を起こします。眼をより高い位置に上げることで、獲物や捕食者のいる場所を探すことができます。学名のグラレイトル（竹馬に乗る人の〜）は、この状態を指しているものと思われます。さらに、この遊離軟条を使って海底を歩くように移動し、海底の獲物を探している可能性がありますが、詳しくはわかっていません。

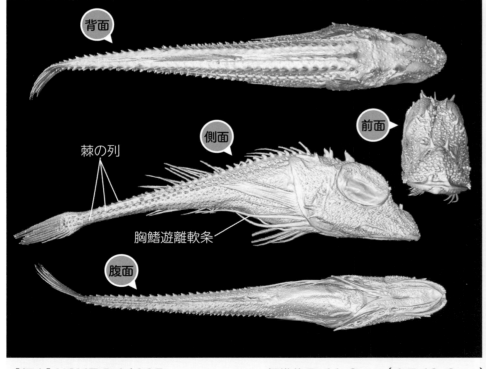

背面

棘の列

側面

前面

胸鰭遊離軟条

腹面

【標本】NSMT-P 46087　　　　標準体長：11.2 cm（全長12.8 cm）

CTから わかること

頭部の背面の鼻骨、前頭骨、頭頂骨には太くて短い尖った棘が並んでいます。口を閉じた時に歯骨は前上顎骨に隠れ、両顎の歯はかみ合いません。肋骨があります。脊椎骨上の神経棘は短く、血管棘はほとんどありません。体の表面を前後方向に並ぶ棘の列は、骨の一部ではなく鱗が変形したものであることがわかります。

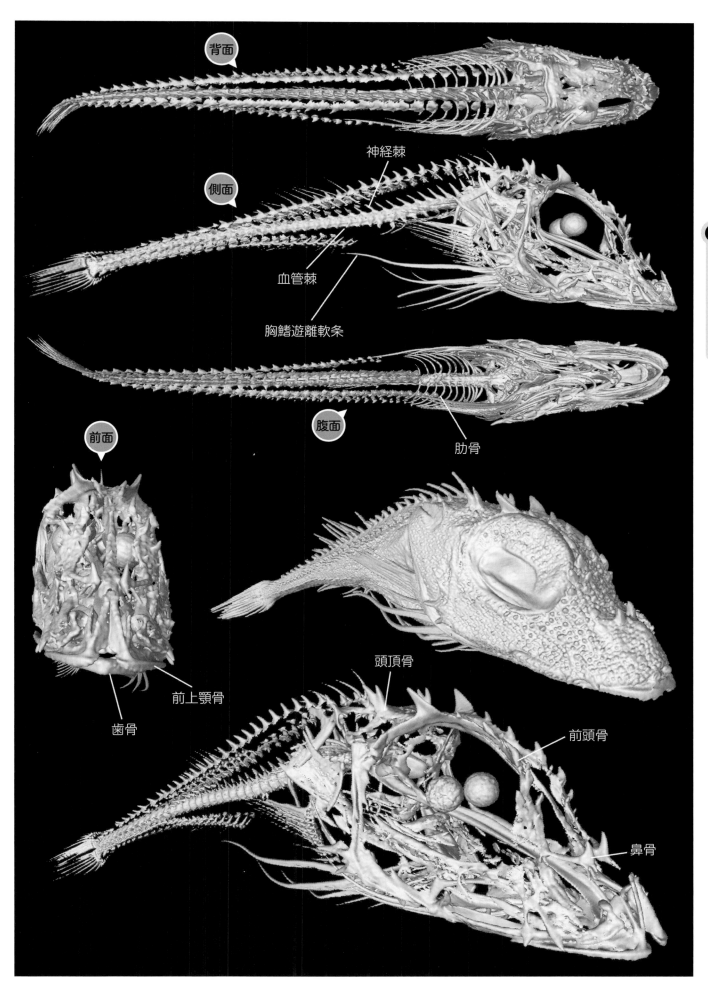

オホーツクソコカジカ

●学名：*Zesticelus ochotensis* Yabe, 1995
●学名の読み方：ゼスティセルス・オコテンシス
●学名の意味：オホーツク（海産）のゼスティセルス（＝ソコカジカ属）
●系統学的位置：カサゴ目カジカ科ソコカジカ属

小さい鬼の面

【標本】HUMZ 126133（北海道大学所蔵）

生態

水深1,000〜1,845 mの海底に生息し、日本では北海道網走沖、茨城県沖に、海外では千島列島北部、オホーツク海南部、カムチャツカ半島付近に分布します。肉食性ですが、詳しいことはわかっていません。

特徴

頭は幅広く、側扁します。眼は大きいです。上後頭骨の後方に2本の大きな脛棘があります。体の断面は楕円形です。胸鰭と腹鰭が大きいです。尾柄が長いです。生きている時は、全身のほとんどが黒色です。全長で最大7 cmくらいになります。

仲間

ソコカジカ属は世界に3種が知られており、日本にはそのうちオホーツクソコカジカとソコカジカの2種が分布します。

豆知識

属名のゼスティセルスは「ボイルされたイセルス類（コオリカジカ属）」という意味で、体に鱗がなく、皮膚や筋肉が（煮られたかのように）柔らかいことと関連しています。コオリカジカ属は浅海〜深海まで生息しますが、その名前の一部のコオリ（氷）が示すように寒冷な地域を中心に分布します。ソコカジカ属は、コオリカジカ属と特に近縁ということではありません。

ソコカジカ属はカジカ科の中で最も深い場所に生息します。ソコカジカ属の3種のうち、和名のないゼスティセルス・プロフンドラム（*Zesticelus profundorum*）の最深記録は2,580 mで、ソコカジカは1,270 mです。余談になりますが、カジカ科に近縁でバイカル湖に固有のコメフォルス科のコメフォルス・バイカレンシス（*Comephorus baicalensis*）は、水深1,600 mくらいまで生息します。体が半透明で、体に蓄積した脂で浮力を得て、遊泳生活をしています。

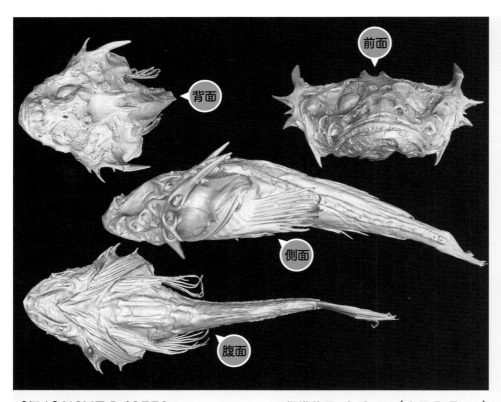

背面

前面

側面

腹面

【標本】NSMT-P 69779　　標準体長：4.4 cm（全長5.7 cm）

CTからわかること

眼下骨は筒状です。上顎骨の上向突起は長いです。前鰓蓋骨には4本の棘があり、第1棘は最大で頭部背面を、第4棘は2番目に大きく頭部腹面を越えます。前鰓蓋骨の第2棘と第3棘は側方に張り出します。主鰓蓋骨は三角形です。腰骨は擬鎖骨に固着します。尾柄の脊椎骨の神経棘と血管棘は板状です。耳石が大きいです。

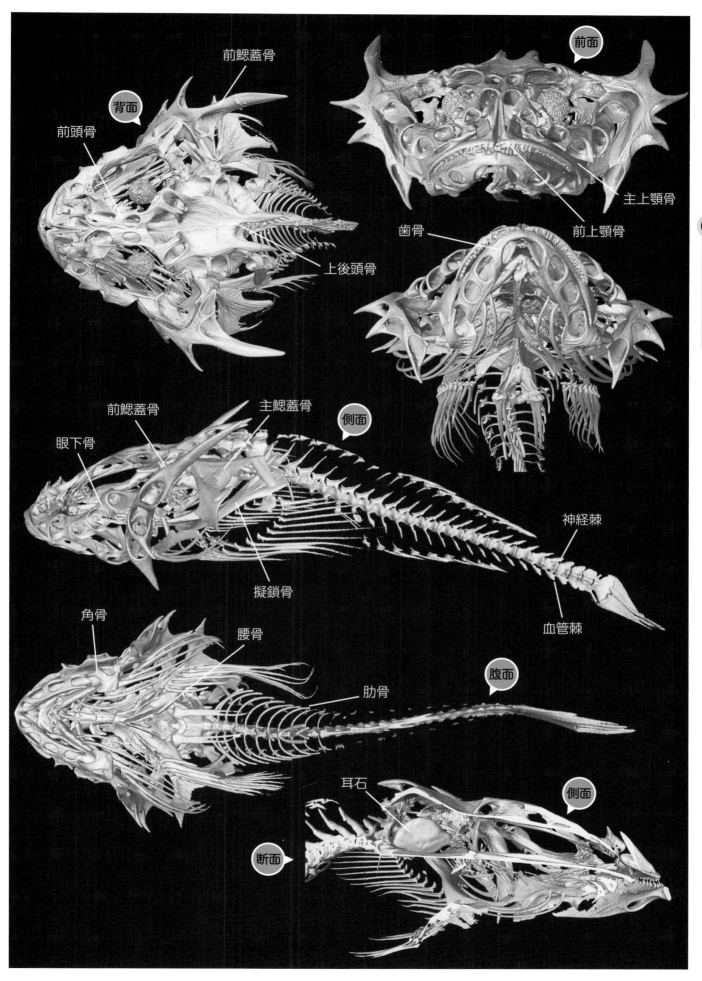

コンペイトウ

- ●学名：*Eumicrotremus asperrimus*（Tanaka, 1912）
- ●学名の読み方：ユーミクロトレムス・アスペリムス
- ●学名の意味：最高にザラザラしたユーミクロトレムス（＝イボダンゴ属）
- ●系統学的位置：カサゴ目ダンゴウオ科イボダンゴ属

ゴツゴツの
ダンゴウオ

【標本】NSMT-P 78993

生態

　水深900mまでの海底に生息し、日本では北海道〜山口県の日本海沿岸、北海道の太平洋側とオホーツク海側に、海外では朝鮮半島、ピーター大帝湾、沿海州、間宮海峡、オホーツク海南部、ベーリング海、カムチャツカ半島に分布します。産卵期（夏）には浅海域に移動します。甲殻類、軟体動物などを食べています。

特徴

　体は球形です。眼は大きく、鰓孔は小さく、胸鰭基底のかなり背中側にあります。胸鰭は大きいです。左右の腹鰭が合わさって大きな円形の吸盤になります。背鰭は2基あり、第1背鰭はほぼ皮下に埋没し、ほとんど見えません。頭と体の大部分が円錐形の鱗でおおわれ、特に喉を含む下顎腹面は、多数の小さい骨質コブ状突起でおおわれています。生きている時は頭と体の大部分は緑がかった灰色で、腹面はオレンジ色です。標準体長で最大12cmくらいになります。

仲間

　イボダンゴ属は世界に27種が知られています。日本には7種が生息します。

豆知識

　和名は砂糖菓子の金平糖（こんぺいとう）に由来します。ダンゴウオ科の大部分の種には、頭と体に円錐形の変形鱗があります。コンペイトウは下顎を中心に顔全体が鱗でおおわれています。体表の鱗は硬骨性の内部骨格とほぼ同じ密度です。つまり体表が骨でおおわれているような状態で、防御の役目を果たしています。

　属名のユーミクロトレムスは「とても小さい孔」という意味です。この孔は鰓の開口部（鰓孔）を指しています。

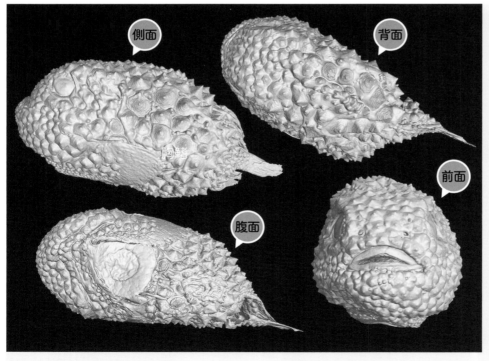

CTからわかること

眼下骨は4個あり、第3眼下骨には眼下骨棚があり、前鰓蓋骨と固着します。肩帯の骨の中では擬鎖骨が大きいです。肩甲骨と烏口骨は小さく、その間に大きな射出骨が4つ並んでいます。腹鰭には片側6本の鰭条（1本の棘条と5本の軟条）があり、吸盤の膜を支えます。

側面　背面　胸鰭　腹面　前面

【標本】NSMT-P 78993　　　　標準体長：12.0cm（全長14.2cm）

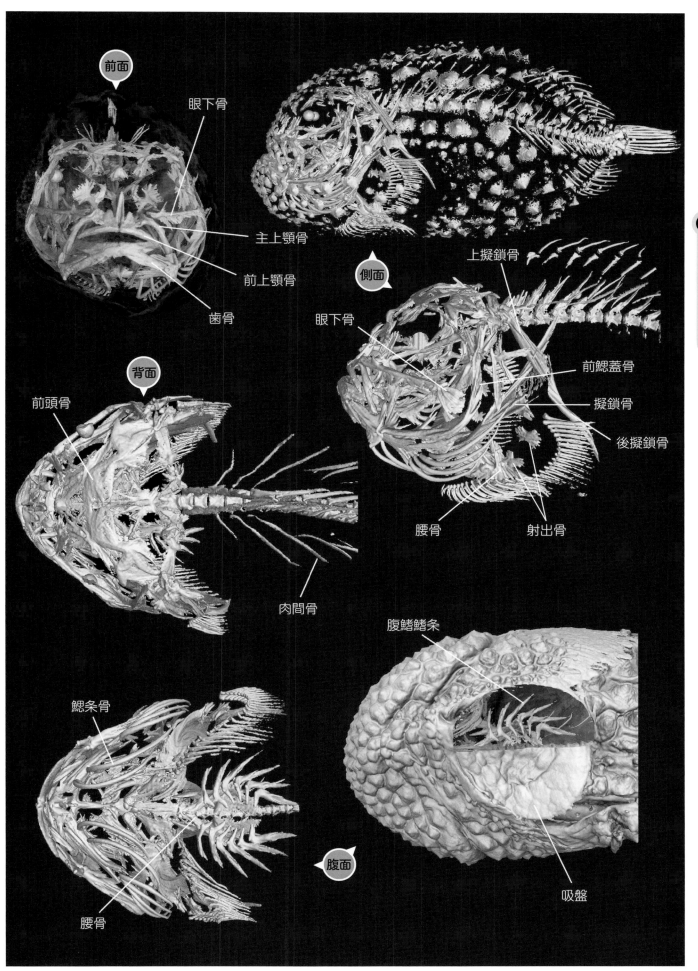

前面

眼下骨

主上顎骨

前上顎骨

歯骨

側面

眼下骨

上擬鎖骨

前鰓蓋骨

擬鎖骨

後擬鎖骨

腰骨

射出骨

背面

前頭骨

肉間骨

腹鰭鰭条

鰓条骨

腹面

腰骨

吸盤

ソコグツ

- 学名：*Dibranchus japonicus* Amaoka and Toyoshima, 1981
- 学名の読み方：ディブランクス・ヤポニクス
- 学名の意味：日本のディブランクス（＝ソコグツ類）
- 系統学的位置：アンコウ目アカグツ科ソコグツ属

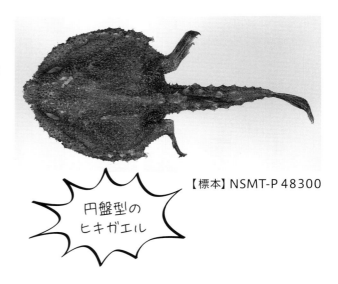

円盤型の
ヒキガエル

【標本】NSMT-P 48300

生態

　水深620 〜 1,500 mの海底に生息します。日本では岩手県、宮城県、東京都三宅島、和歌山県などに、海外では南シナ海、オーストラリア、南アフリカに分布します。胸鰭と腹鰭が水平に体についており、ほとんど泳がず、海底を歩くように移動します。口を伸ばして海底や泥の中の小動物を食べます。

特徴

　体は、上下から押しつぶされた形（縦扁形）です。体の大部分が、大小様々なサイズのとんがり帽子のように変形した鱗でおおわれています。頭は円盤状で、腹側には腹鰭があります。胸鰭を支える骨の一部の上膊棘が3本あります。生きている時の体色は、黒みがかった茶色です。標準体長で最大15 cmくらいになります。

仲間

　ソコグツ属は世界に14種が知られていますが、日本にはソコグツ1種だけが分布します。

豆知識

　ソコグツの「グツ」とは、ヒキガエルのことを指します。ソコグツを含むアカグツ科の魚の姿が似ていることからきています。ソコグツは、深海底に棲むアカグツの仲間という意味で名づけられました。

　属名のディブランクスは、「2つの鰓」を意味します。胸鰭のやや前にある左右の目立った鰓孔を指していると思われます。

　他のアンコウ目魚類と同じように頭の先端近くにエスカ（疑餌状体）があります。エスカは団子餅を3つ重ねたような形で、吻にある凹みに隠れているため背側からも腹側からも見えません。このエスカはルアーとしての役目があるはずですが、深海でどのように利用しているかは不明です。

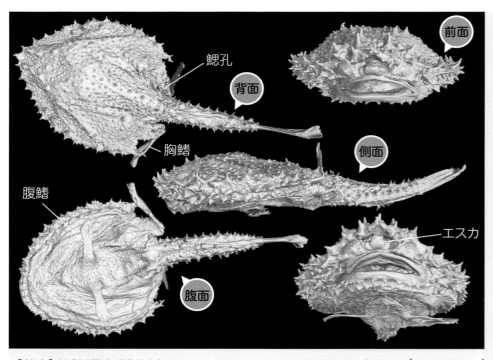

鰓孔

背面

胸鰭

腹鰭

前面

側面

腹面

エスカ

【標本】NSMT-P 53503　　　　標準体長：6.7cm（全長8.3cm）

CTからわかること

頭蓋骨の背面は幅広く、両顎と頭蓋骨を結びつける懸垂骨と肩帯の骨が大きいです。吻は大きな鼻骨で保護されます。鰓を保護する鰓条骨は細長いです。肋骨はありません。円盤状の体の縁には大きくて硬い鱗が並んでいます。背鰭や臀鰭の周辺にも大きくて硬い鱗があります。

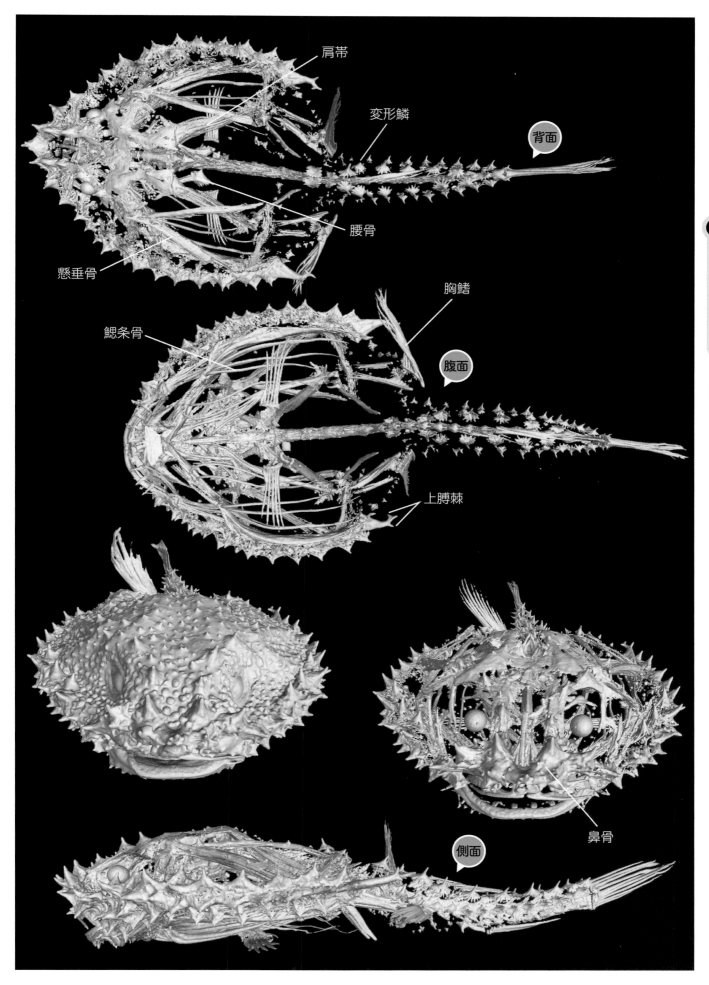

肩帯

変形鱗

腰骨

懸垂骨

胸鰭

鰓条骨

腹面

背面

上膊棘

鼻骨

側面

オニアンコウ

- ●学名：*Linophryne densiramus* Imai, 1941
- ●学名の読み方：ライノフリュネ・デンシラムス
- ●学名の意味：太い枝のライノフリュネ(＝オニアンコウ属)
- ●系統学的位置：アンコウ目オニアンコウ科オニアンコウ属

提燈だけで
なくヒゲも光る

【標本】NSMT-P 92374

生態

　水深2,250mまでの中深層に生息し、日本では北海道の太平洋側から駿河湾までに、海外ではオーストラリア、ハワイ諸島など、インド洋、大西洋に分布しています。エスカ(擬餌状体)の他にヒゲが発光します。肉食性で、無脊椎動物や魚類を食べていると考えられていますが、詳しいことは不明です。

特徴

　体は卵形で、頭が大きいです。イリシウムは吻端近くにあります。エスカは円筒形で、先端には長い皮弁がつきます。胸鰭は小さく、腹鰭はありません。尾鰭は大きいです。背鰭と臀鰭は小さく3本の軟条からなります。鱗はありません。体は黒色で、エスカ、ヒゲの大部分、胸鰭、背鰭、臀鰭、尾鰭は半透明です。標準体長で最大7cmくらいになります。

仲間

　オニアンコウ属は世界に6種が知られ、日本にはオニアンコウとインドオニアンコウの2種が分布しています。

豆知識

　種名の「太い枝」は、樹木のようなヒゲの状態を指します。ヒゲは3本の大きな幹とそこから出る小さい枝からなります。枝には白い顆粒がついています。エスカの発光は神経支配ですが、ヒゲの発光は血流で制御していると考えられています。

　属名のライノフリュネは「網をもったヒキガエル」という意味で、ヒゲを網に、体をヒキガエルに例えています。

　オニアンコウ科の全種は、肛門が体の正中線(左右の真ん中を走る線)よりも左側に偏ります。レフトベント・シーデビル(Leftvent Seadevil)は、その特徴をとらえた英名です。シーデビル(海の悪魔)は、チョウチンアンコウ類やトビエイ類の総称です。

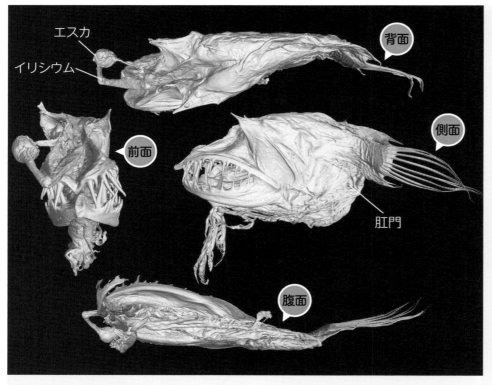

エスカ
イリシウム
背面
前面
側面
肛門
腹面

【標本】NSMT-P 92374　　　標準体長：4.9cm(全長 7.1cm)

CTからわかること

頭蓋骨は縦扁し、あまり骨化していません。前上顎骨と歯骨は大きく、湾曲し、針状の歯が並んでいます。前鰓蓋骨には、後方を向く大きな棘が1本あります。蝶耳骨には棘が1本あります。肩帯(擬鎖骨や後擬鎖骨)の骨や尾鰭骨格はしっかりしています。

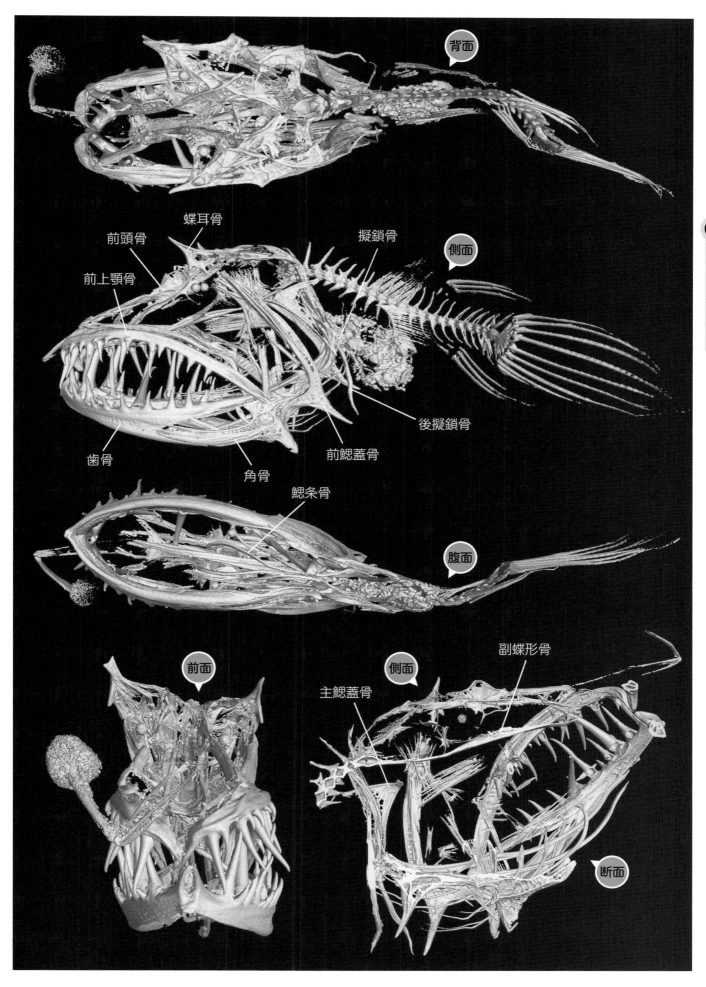

背面

蝶耳骨

前頭骨

前上顎骨

擬鎖骨

側面

後擬鎖骨

歯骨

角骨

前鰓蓋骨

鰓条骨

腹面

副蝶形骨

前面

主鰓蓋骨

側面

断面

フエカワムキ

- ●学名：*Macrorhamphosodes uradoi*（Kamohara, 1937）
- ●学名の読み方：マクロランフォソーデス・ウラドイ
- ●学名の意味：浦戸（湾産）のマクロランフォソーデス（＝フエカワムキ属）
- ●系統学的位置：フグ目ベニカワムキ科フエカワムキ属

鱗を盗み食い

【標本】NSMT-P 77210

生態

　大陸棚や水深約600mまでの大陸斜面に生息し、日本では駿河湾以南の太平洋側に、海外では南アフリカに分布しています。食性は風変りで、かなりの頻度で他の魚の鱗を食べます。

特徴

　吻が伸び、先端に口があります。口は真上に開きますが、個体によっては左右どちらかにねじれていることもあります。眼は大きいです。頭長は、胴体の長さとほぼ同じ長さです。背鰭は2基あり、第1背鰭は3本の棘条からなります。第2背鰭は臀鰭と同じくらいの大きさで、ほぼ真上に位置します。腹鰭は1本の棘条だけからなります。鰓孔は小さく、胸鰭の前にあります。紙やすりのように変形した鱗に頭と体の全体はおおわれます。生きている時は、白っぽい頭部腹面と腹部をのぞき、橙色～桃色をしています。成長すると標準体長で16cmくらいになります。

仲間

　フエカワムキ属はフエカワムキのみを含みます。ベニカ

ワムキ科には、ナガカワムキ（*Halimochirurgus alcocki*：ハリモキルルガス・アルコッキィ）という別属の種がおり、フエカワムキと同様に、吻が長く口が真上を向いています。

豆知識

　種の学名のウラドイの意味は高知県の浦戸湾で、フエカワムキが最初に発見された場所です。命名者は高知大学の蒲原稔治で、高知県土佐湾産の深海性魚類の分類を研究し、日本の魚類分類学を発展させ後進を育てました。

　鱗を食べることをスケール・イーティング（鱗食）といいます。淡水魚や浅海魚のごく一部の種でも知られている珍しい習性です。高知県土佐湾では、フエカワムキはニギス（ニギス目ニギス科）、ロウソクチビキ（スズキ目ハチビキ科）などの鱗を食べていることがわかっています。

　属名のマクロランフォソーデスは、「マクロランフォサス（ヨウジウオ目サギフエ科サギフエ属）に似たもの」という意味です。 ※サギフエは、別ページを参照

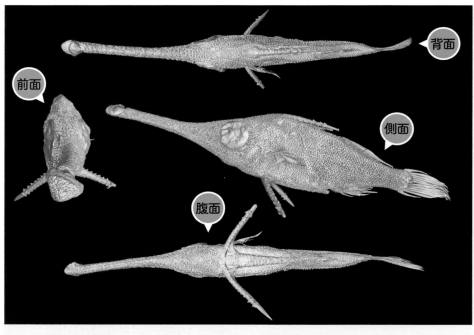

背面

前面

側面

腹面

【標本】NSMT-P 34635　　　　　標準体長：8.5cm（全長10.2cm）

CTからわかること

前上顎骨には2本の小さい円錐歯があり、歯骨には約10本の1列に並んだ切歯が並びます。背鰭第1～2棘条を支える担鰭骨が板状で大きいです。肩帯の骨はしっかりしており、長い後擬鎖骨が体の側面を保護しています。腰骨は細長くて大きく、その前方部は肩帯の擬鎖骨に固着しています。

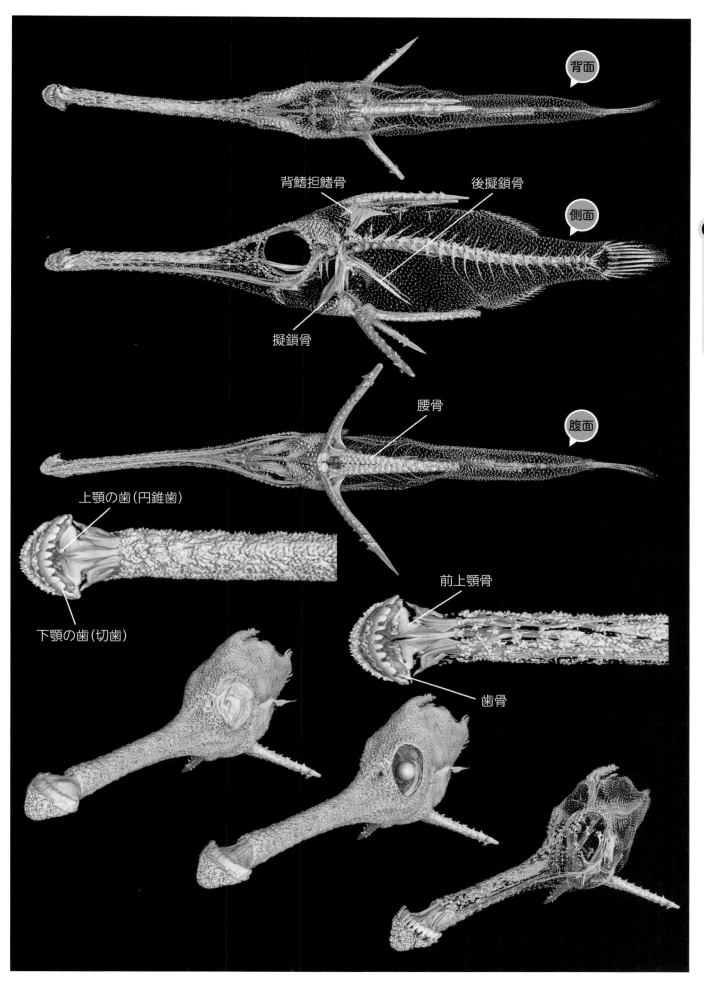

背面

背鰭担鰭骨　　後擬鎖骨

側面

擬鎖骨

腰骨

腹面

上顎の歯（円錐歯）

下顎の歯（切歯）

前上顎骨

歯骨

食べられる? 食べられない?

　深海魚の中には食卓に並ぶ種もいます。マダラ、キンメダイ、メヌケは大多数の人が美味しい魚と感じるに違いありません。日本各地には深海魚に関するユニークな食文化があり、日本海側と太平洋側では食用となる深海魚に違いがあります。東京と金沢が新幹線でつながった時は、関東では、それまで名前すら知られていなかったゲンゲ（漢字では「幻魚」と書きます）が脚光を浴びました。

　丸のままの姿で食べる機会があれば深海魚であると気づきますが、スミクイウオやスケトウダラのように練りものとして皆さんの口に入っている種もたくさんいます。

　また、東北の太平洋側の深海底曳網漁で大量に獲れるイラコアナゴは、マアナゴの代用品として販売されています。アカマンボウはマグロの代わりに寿司ネタに使われています。寿司食材のエンガワ（縁側）は、もともとヒラメの担鰭骨についている筋肉のことでしたが、今ではアブラガレイなどが使われています。

　味の良し悪しは別として、食べると危険な深海魚がいます。例えば、クロシビカマス科のバラムツやアブラソコムツです。食品衛生法で販売が禁止されています。その理由は、体内にワックスエステル（蝋）という油脂が大量にあり、ヒトは消化できず、下剤のような効果があるからです。魚にとってワックスエステルは、浮力調整に使われます。

　ヒウチダイ科のオレンジラフィーもワックスエステルをもつ深海魚です。本種は大型になり、かつては食用として過剰に漁獲され、資源が枯渇する一歩手前までいきました。オレンジラフィーは長寿であることも知られ（寿命は150歳）、犠牲になったのは、次世代に子孫を伝える親魚でした。魚類の寿命はほとんどの種で知られていませんが、特に深海魚の場合は、ゆっくり大きく成長している種もいることを忘れてはいけないことを物語っています。オレンジラフィーのワックスエステルは、化粧品の材料として利用されています。

　ギンダラ科のギンダラやアブラボウズも筋肉中に油脂成分が多い深海魚です。こちらの脂はワックスエステルではありません。ギンダラはもっぱら海外から輸入され、スーパーマーケットでも切り身で販売されています。一方、アブラボウズは一部の地域でしか食べることができません。最大体長2ｍを超え、深海魚の中でも巨大になりますが、トロール網を曳けないような深海の岩礁域にいるので、安定した数が市場に出回りません。筆者が学生時代にアブラボウズの標本を解剖した時は、メスやピンセット、さらに手の指が大量の脂でベトベトになりました。多くの図鑑でアブラボウズは「脂が多いので食べすぎると下痢をする」と書かれていました。「下痢をする」という記述が頭に残っていたので、学生時代は食べてみようとも思いませんでしたが、博物館に勤めてからひょんなことからアブラボウズの肉を手に入れることができました。恐る恐る煮て食べてみたところ、実に美味しい魚であることがわかりました。「食べすぎてしまうほど美味しいので、注意したほうが良い（下痢をしても知らない）」という教訓が背後にあることがわかりました。どんな魚でも食べすぎれば消化不良で腹を下し、ましてや油脂成分が多ければ腸をゆるくします。

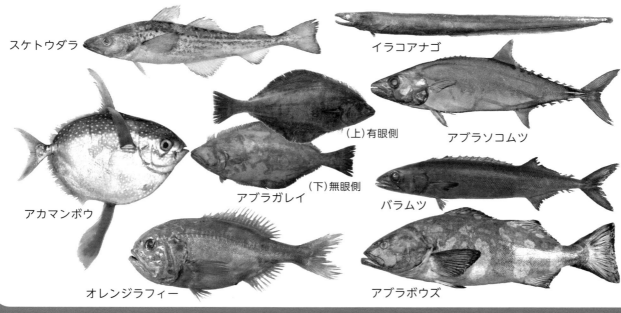

スケトウダラ

イラコアナゴ

（上）有眼側

アブラソコムツ

アカマンボウ

アブラガレイ　（下）無眼側

バラムツ

オレンジラフィー

アブラボウズ

II. 「退化」するという進化

❶

眼が小さくなる

❶ イトヒキイワシ

眼が小さくなる

- ●学名：*Bathypterois atricolor* Alcock, 1896
- ●学名の読み方：バシプテロイス・アトリコロール
- ●学名の意味：黒色のバシプテロイス（＝イトヒキイワシ属）
- ●系統学的位置：ヒメ目チョウチンハダカ科イトヒキイワシ属

眼でなく胸鰭で察知

【標本】NSMT-P 101334

生態

　水深258 〜 5,150 mの海底に生息し、日本では福島県〜土佐湾、東シナ海に、海外では台湾、南シナ海、モルッカ海峡、フローレス海、ハワイ諸島、メラネシア海盆、東太平洋、西インド洋、ギニア湾などに分布しています。流れのある海底で、上流に頭を向け、胸鰭をパラボラアンテナのように開き、獲物が流れてくるのを待ち構えます。カイアシ類（甲殻類）などの動物プランクトンを食べています。

特徴

　頭は縦扁し、吻はへら状です。眼はとても小さく、口は大きいです。胸鰭の上から2番目の部分の軟条は痕跡的です。腹側の尾鰭軟条が伸びます。腹鰭の第1軟条も伸びます。臀鰭は背鰭基底後端よりやや後ろから始まります。脂鰭があります。尾鰭の付け根の腹側には鉤状の突起と切れ込みがあります。生きている時はほぼ全身が黒色で、鰭は暗色です。標準体長で最大15 cmくらいになります。

仲間

　イトヒキイワシ属は世界に18種が知られ、日本には3種が生息しています。

豆知識

　属名のバシプテロイスは「深海のプテロイス（＝ミノカサゴ属）」という意味です。ミノカサゴ属はカサゴ目フサカサゴ科の浅海魚で、大きな胸鰭が特徴です。

　イトヒキイワシ属の魚類は、深海潜水艇でエサを待っている静止映像が多数記録されています。腹鰭と尾鰭を利用してカメラの三脚のような姿勢を保つので、三脚魚と呼ばれます。この名称は、英名のトライポッドフィッシュ（Tripodfish）からきています。イトヒキイワシは腹鰭や尾鰭が短いため、他の種に比べて、より体が海底近くに位置します。

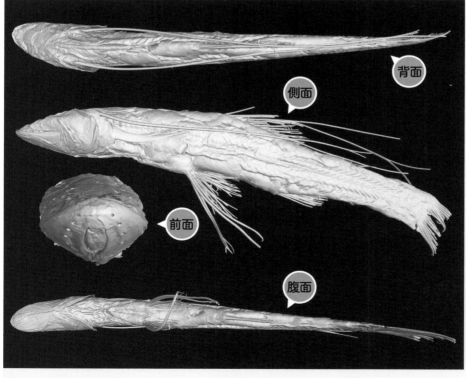

背面

側面

前面

腹面

【標本】NSMT-P 101334　　　標準体長：13.7 cm（全長15.4 cm以上）

CTからわかること

前頭骨は左右に広がります。歯骨の腹面には孔が並びます。肩帯の骨は弱々しく、腹鰭軟条は細長い擬鎖骨、互いに離れた肩甲骨と烏口骨の間にある射出骨によって支えられています。最も大きい腹側の射出骨より上にある2つの小さい射出骨には、退化的な腹鰭軟条がつきます。腰骨は体の中央よりやや前方にあり、他の骨とはつながりません。肋骨と肉間骨があります。

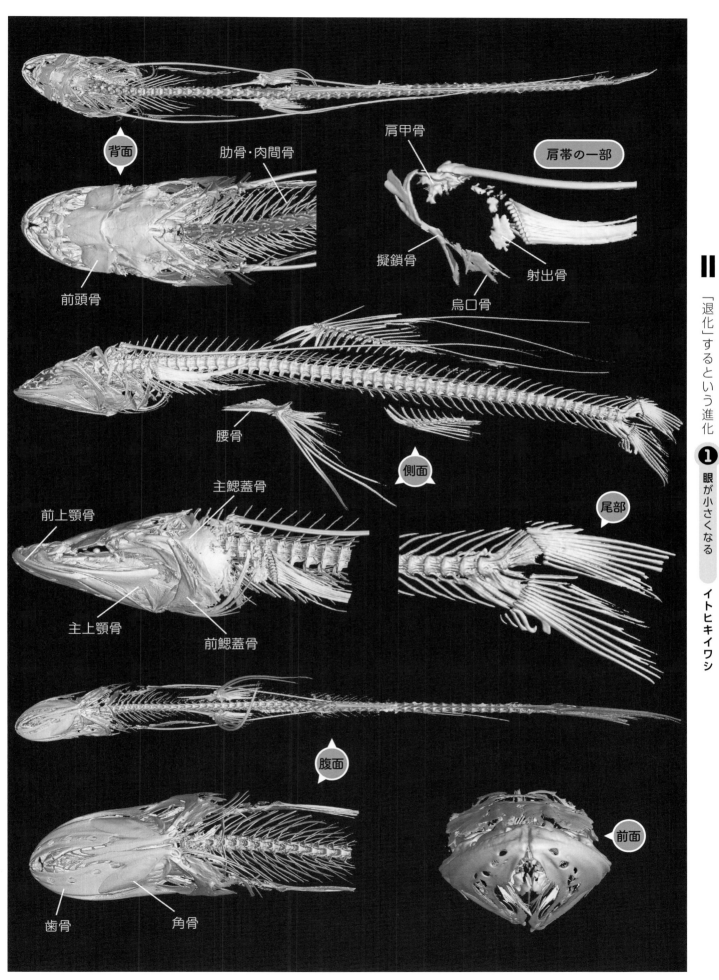

背面

肋骨・肉間骨

前頭骨

肩帯の一部

肩甲骨

擬鎖骨

烏口骨

射出骨

腰骨

側面

尾部

主鰓蓋骨

前上顎骨

主上顎骨

前鰓蓋骨

腹面

前面

歯骨

角骨

アカチョッキクジラウオ

●学名：*Rondeletia loricata* Abe and Hotta, 1963
●学名の読み方：ロンデレチア・ロリケータ
●学名の意味：甲冑（鎧）をつけたロンデレチア
（＝アンコウイワシ属）
●系統学的位置：キンメダイ目アンコウイワシ科
アンコウイワシ属

肩と胸に鎧

【標本】NSMT-P 79606

生態

800 mより深い中深層に生息し、遊泳しています。太平洋、インド洋、大西洋に分布します。甲殻類を主に食べています。

特徴

頭は大きく、吻が尖ります。上顎と下顎の先端は同じ位置にあります。両顎の歯は小さく、集まって絨毛状になります。眼は小さく、前方と背面は頭蓋骨の一部で保護されます。背鰭は1基で、体の後方にあります。臀鰭は背鰭のほぼ真下に位置します。胸鰭と腹鰭は小さいです。仔魚の時以外は体に鱗はありません。皮膚は薄く、破れやすいです。生きている時は体が赤紫色で、口内は赤みがかったオレンジ色です。標準体長で最大10 cmくらいになります。

仲間

アンコウイワシ属にはアカチョッキクジラウオの他に、大西洋だけに生息するアンコウイワシ（*Rondeletia bicolor*：ロンデレチア・バイカラ）がいます。アンコウイワシ科にはアンコウイワシ属だけが含まれます。

豆知識

属名のロンデレチアは、16世紀にフランスで活動した解剖学者で魚類学者のギヨーム・ロンドレにちなんで名づけられました。

鼻孔と眼の間の皮膚の下にはトミナガ器官（Tominaga's organ）と呼ばれるスポンジ状の2つの塊があります。トミナガは東京大学総合博物館の富永義昭のことで、この器官を最初に発見した魚類学者です。トミナガ器官の機能はまだ解明されていません。幼魚の時に腹鰭に巨大で奇妙な房状の器官をもつフシギウオ類（キンメダイ目フシギウオ科フシギウオ属）でも発見されていることから、アンコウイワシ科はフシギウオ科と近縁ではないかと考えられています。

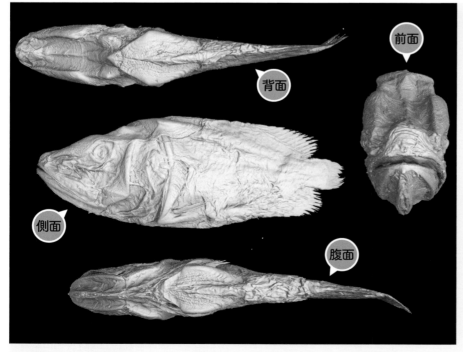

【標本】NSMT-P 75055 　　　標準体長：8.7 cm（全長10.1 cm）

CTからわかること

主上顎骨と前上顎骨は細長いです。歯骨の先端腹側には小さい突起があります。前頭骨の外縁は厚くなります。上後頭骨と頭頂骨の中央は、少し凸になります。肩帯には大きくて頑丈な後側頭骨や擬鎖骨があり、体が上下や左右方向から押されても潰れないような構造になっています。腰骨は小さく、左右の骨が少し離れています。上神経棘があります。肋骨と肉間骨があります。

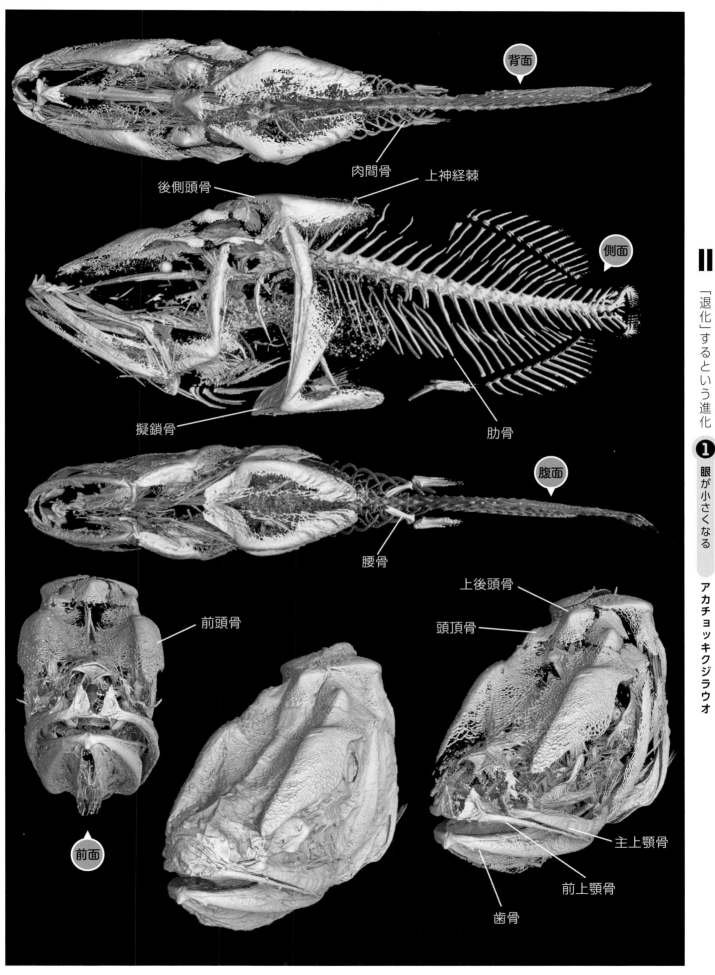

背面

肉間骨　　上神経棘

後側頭骨

側面

擬鎖骨

肋骨

腹面

腰骨

前頭骨

前面

上後頭骨

頭頂骨

主上顎骨

前上顎骨

歯骨

アカクジラウオダマシ

クジラを
イメージさせる顔

- 学名：*Barbourisia rufa* Parr, 1945
- 学名の読み方：バルボウリシア・ルーファ
- 学名の意味：赤いバルボウリシア（＝アカクジラウオダマシ属）
- 系統学的位置：キンメダイ目アカクジラウオダマシ科
  アカクジラウオダマシ属

【標本】HUMZ 227782（北海道大学所蔵）

生態

　水深約120〜2,000 mの中層域から海底付近に生息し、日本を含む太平洋の他、インド洋と大西洋に分布しています。詳しい食性は不明ですが、甲殻類を食べていると考えられています。

特徴

　体は側扁し、柔らかいです。頭は大きく、背面はほぼ平坦です。吻は尖ります。口は大きく、眼は非常に小さいです。下顎は上顎よりも前に出ます。両顎の歯は小さく、歯帯をつくります。胸鰭と腹鰭は小さく、退化的です。背鰭と臀鰭は体の後方にあり、上下対称的な位置関係になります。尾柄は短く、尾鰭の後端は少し凹みます。鱗はありません。太い側線が体側に1本あります。皮膚は微小な棘でおおわれています。口内を含めてほぼ全身が赤色です。眼の虹彩は黒色です。標準体長で最大40 cmくらいになります。

仲間

　アカクジラウオダマシ科はアカクジタウオダマシ1種のみからなります。

豆知識

　アカクジラウオダマシは皮膚が赤く、ビロードのような手触りから、英名でレッドベルベット・ホエールフィッシュ（Redvelvet Whalefish）と呼ばれます。

　和名は、クジラウオ類と似ていることからダマシがつき、さらに体色が赤いことに由来しています。クジラウオ類とアカクジラウオダマシの大きな違いは、腹鰭の有無です。アカクジラウオダマシの仔魚から稚魚期には体の2分の1から3分の1の長さの腹鰭があり、成長すると小さくなります。

　属名のバルボウリシアは両生類・爬虫類（はちゅうるい）の研究者で、博物学者としても有名だったハーバード大学比較動物学博物館のトーマス・バルボアに献名されたものです。

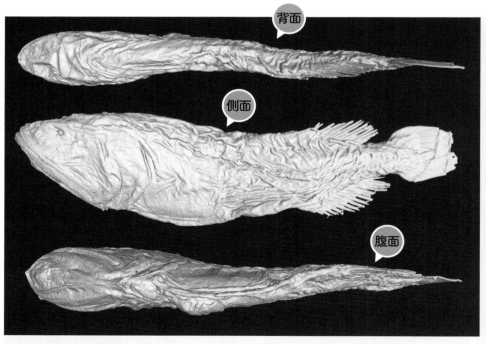

背面

側面

腹面

【標本】NSMT-P 57240　　　　標準体長：14.0 cm（全長16.0 cm）

CTからわかること

前頭骨を含めて頭蓋骨の背面の骨は薄く、CTには写っていません。歯骨と角骨は大きいです。前上顎骨と主上顎骨は細長いです。肩帯の上擬鎖骨、後擬鎖骨および擬鎖骨は比較的しっかりしています。腰骨は小さいです。脊椎骨は比較的頑丈で、神経棘と血管棘は長いです。上神経棘と肋骨があります。

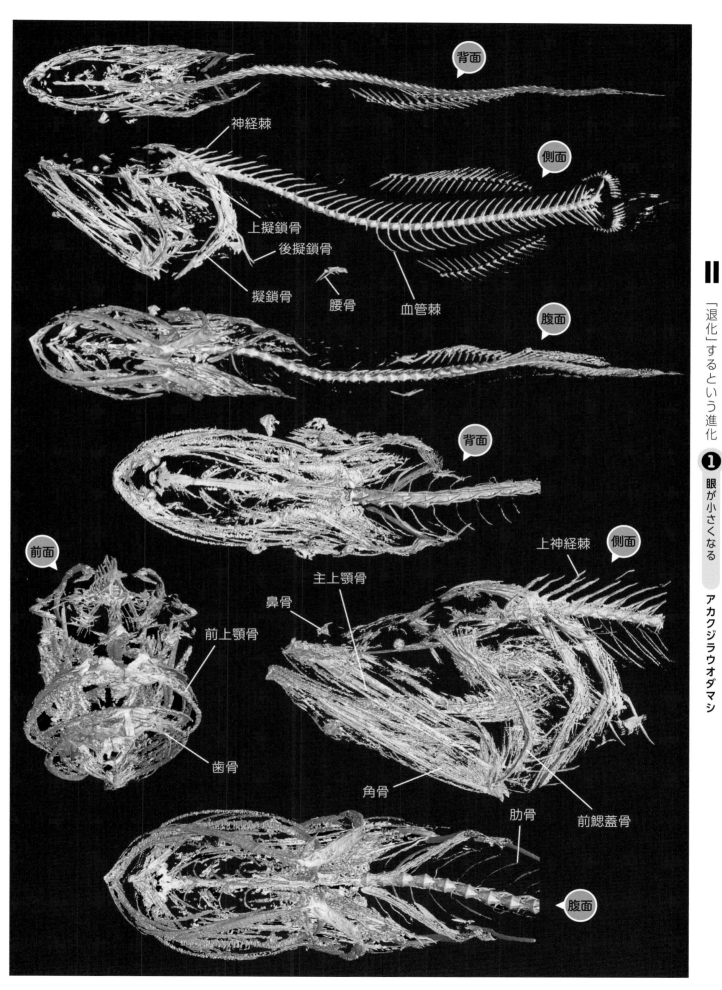

神経棘

背面

側面

上擬鎖骨

後擬鎖骨

擬鎖骨

腰骨

血管棘

腹面

背面

上神経棘

側面

主上顎骨

鼻骨

前面

前上顎骨

歯骨

角骨

肋骨

前鰓蓋骨

腹面

ソコボウズ

- ●学名：*Spectrunculus grandis* (Günther, 1877)
- ●学名の読み方：スペクトランクルス・グランディス
- ●学名の意味：(体が)大きいスペクトランクルス
  （＝ハダカイタチウオ属）
- ●系統学的位置：アシロ目アシロ科ハダカイタチウオ属

泳ぎが
スローな海坊主

【標本】NSMT-P 92412

生態

　水深約800〜4,000 mの海底付近に生息し、日本では日本海溝、青森県太平洋沖、房総半島沖、相模湾、駿河湾、南海トラフに、海外では千島列島、アメリカ・ワシントン州沖、オーストラリア、ニュージーランド、南アフリカ、大西洋に分布します。甲殻類、頭足類（イカ類）、魚類などを食べます。

特徴

　体は紡錘形で、やや側扁します。眼径は吻長よりも小さいです。前鼻孔は大きく、盛り上がった縁があります。上顎は下顎よりも少し前に出ます。鰓蓋に2本の棘があります。胸鰭は小さいです。腹鰭は長く、2本の軟条からなります。背鰭と臀鰭は尾鰭と連続しています。生きている時の体色は、全身が薄茶色から白色までの個体がいて、両方の色が混じる個体もいます。最大で全長1.4 mくらいになります。

仲間

　ハダカイタチウオ属は世界に2種が知られています。日本にはソコボウズだけが分布します。

豆知識

　ソコボウズはアシロ目で最大になる種です。最初に発見された個体は全長75 cmでしたが、その2倍近くに成長することがわかりました。

　命名者が理由を書かなかったため、属名のスペクトランクルスの意味は、はっきりしません。しかし、生きている時の半透明で肉が透けて見える姿から「ゴースト（幽霊）」を意味するスペクトラムが学名の一部に組み込まれたと考える説が有力です。

　海底に肉塊を沈めると、どこからともなく集まり、ゆっくりした動きでエサにかじりつきます。嗅覚で獲物を探していると思われます。また、長い腹鰭を触角として利用していると考えられています。

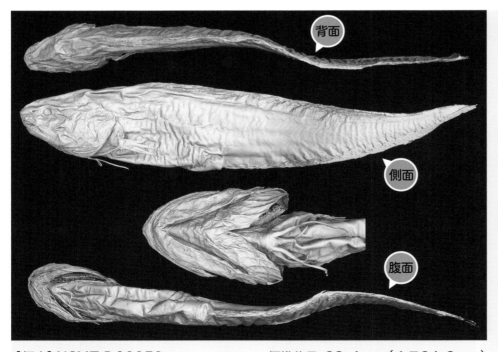

背面

側面

腹面

【標本】NSMT-P 98878　　　標準体長：23.4 cm（全長24.2 cm）

CTからわかること

前頭骨は幅広くて大きいです。上顎と下顎を構成する骨はしっかりしています。主上顎骨の後部背縁に小さい上主上顎骨があります。鋤骨と口蓋骨には両顎と同じ小さい円錐歯が密に生えます。背鰭・臀鰭担鰭骨は神経棘や血管棘よりも細くて短く、数も多いです。肋骨と肉間骨があります。

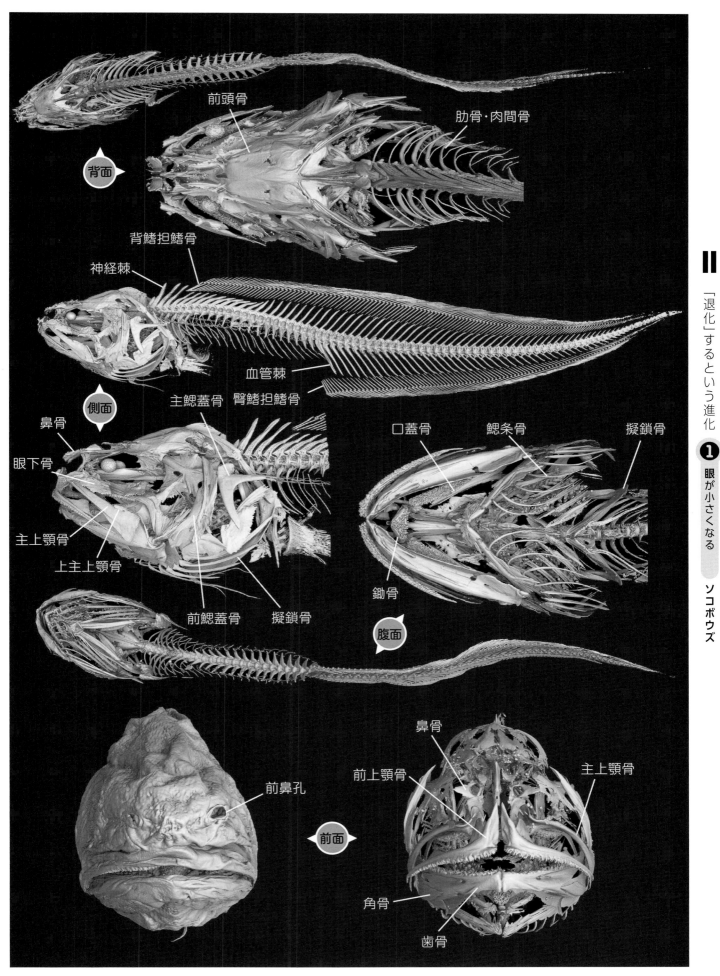

背面

前頭骨

肋骨・肉間骨

背鰭担鰭骨

神経棘

側面

血管棘

臀鰭担鰭骨

鼻骨

眼下骨

主鰓蓋骨

口蓋骨

鰓条骨

擬鎖骨

主上顎骨

上主上顎骨

鋤骨

前鰓蓋骨

擬鎖骨

腹面

前鼻孔

鼻骨

前上顎骨

主上顎骨

角骨

前面

歯骨

❶ コンニャクオクメウオ

眼が小さくなる

- ●学名：*Aphyonus gelatinosus* Günther, 1878
- ●学名の読み方：アフィオヌス・ジェラチノーサス
- ●学名の意味：寒天質のアフィオヌス
  （＝コンニャクオクメウオ属）
- ●系統学的位置：アシロ目ソコオクメウオ科
  コンニャクオクメウオ属

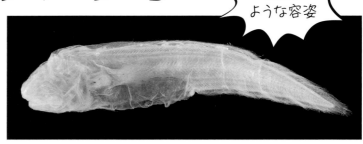

洞窟魚のような容姿

【標本】NSMT-P 97055

生態

水深2,000mを超える大陸斜面に生息し、日本では伊豆諸島の鳥島と三重県沖に、海外ではオーストラリアやニューカレドニア、インド洋および大西洋に分布します。オスは臀鰭の直前に交接器をもちます。メスは仔魚を産みます。海底付近の無脊椎動物などを食べていると考えられていますが、詳細は不明です。

特徴

体はやや細長く、頭が大きいです。全身が寒天質の皮膚におおわれています。眼は小さく、皮下に埋没しています。吻はやや尖り、上顎は下顎よりも前に出ます。鼻孔は2つあり、前鼻孔は管状の皮弁を有し、後鼻孔は円形です。口裂はほぼ水平です。胸鰭には短い腕があります。腹鰭があり、1本の軟条からなります。背鰭と臀鰭は尾鰭と連続します。頭部や体には鱗がありません。生きている時の体色は半透明で、ピンクやブルーに反射します。標準体長で最大15cmくらいになります。

仲間

コンニャクオクメウオ属にはコンニャクオクメウオを含め4種が知られています。日本にはコンニャクオクメウオだけが分布しています。

豆知識

和名のコンニャクオクメウオは、漢字で書くと「蒟蒻奥目魚」となり、柔らかい体とくぼんだ眼（出目の反対）の特徴を指します。眼が小さくなる傾向は、発光生物の少ない水深で海底付近に生息する魚種で見られます。洞窟や水が非常に濁った場所で進化した淡水魚類でも知られています。

属名のアフィオヌスは「小さくて皮膚が透明な魚」という意味です。

頭部背面は袋状で、生きている時は粘液がつまっており、丸く膨らんでいます。横から見ると前頭骨が少し凹んでいるのは、粘液がつまった袋を支える役目があるのかもしれません。

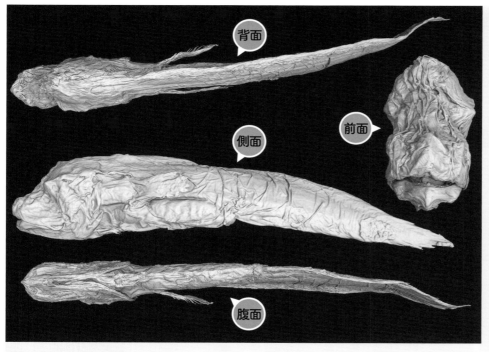

背面

側面

前面

腹面

CTからわかること

鼻骨は板状で、吻部をおおいます。射出骨は細長い板状です。眼下骨は板状で大きく、前上顎骨と主上顎骨の一部をおおい隠します。前頭骨の表面は滑らかです。頭頂骨は幅広いです。上擬鎖骨と擬鎖骨は大きく、特に上擬鎖骨は板状で幅広いです。腰骨は非常に小さいです。肋骨があります。

【標本】NSMT-P 97055　　標準体長：14.7cm（全長15.7cm）

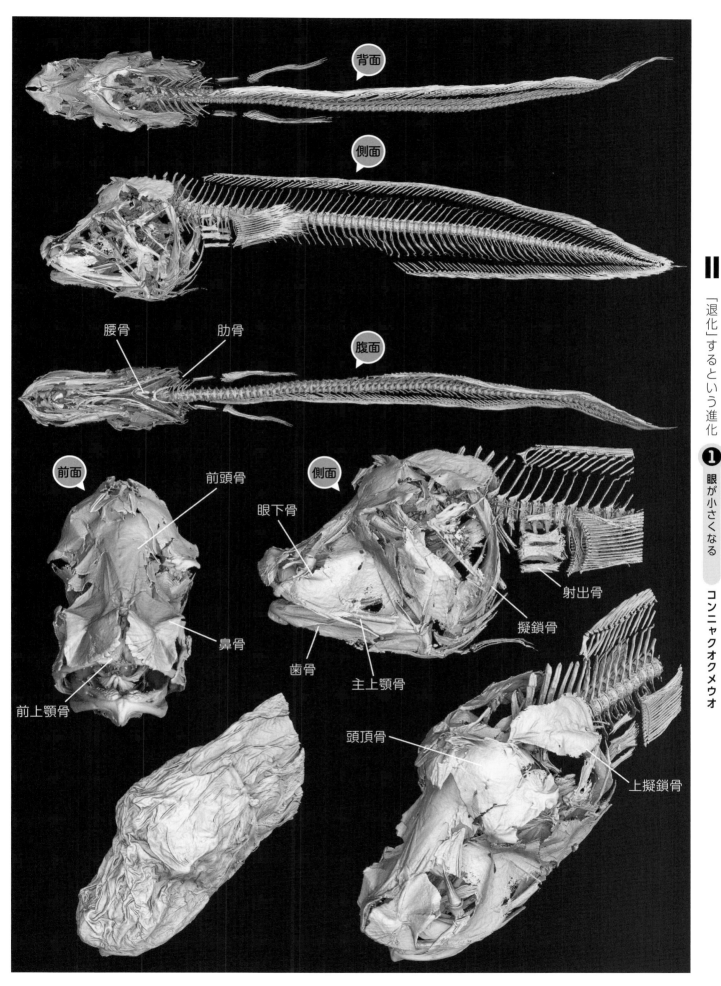

背面

側面

腰骨　肋骨

腹面

前面　前頭骨

眼下骨

鼻骨

歯骨

主上顎骨

前上顎骨

射出骨

擬鎖骨

頭頂骨

上擬鎖骨

イデユウシノシタ

- ●学名：*Symphurus thermophilus* Munroe and Hashimoto, 2008
- ●学名の読み方：シンフュールス・サーモフィルス
- ●学名の意味：暖かさを好むシンフュールス（＝アズマガレイ属）
- ●系統学的位置：カレイ目ウシノシタ科アズマガレイ属

温泉を好む
ウシノシタ

【標本】NSMT-P 70850

生態

　水深239 ～ 733 mの海底にある熱水噴出孔（熱水鉱床）付近（水温5 ～ 22℃）に生息し、日本では硫黄島近海の海山や沖縄トラフに、海外では北マリアナ海盆やニュージーランド近海の海底火山周辺に分布しています。環形動物（ゴカイ類）、甲殻類などを食べています。鉱床から噴出する重金属や硫化水素に生理学的に耐える能力があります。岩の上や礫（＝小石）底に生息し、噴出孔のまわりで高密度の集団を形成します。

特徴

　体はやや細長く、強く側扁します。頭はやや尖ります。口裂はやや曲がります。眼は小さく、体の左側に集まっています。口は小さく、眼より前にあります。背鰭と臀鰭は尾鰭とつながります。有眼側と無眼側の両方に鱗があります。生きている時は有眼側が褐色〜暗褐色で、うっすらした暗色の横縞があります。無眼側は白色です。標準体長で最大10 cmくらいになります。

仲間

　アズマガレイ属は世界に約90種が知られ、日本にはアズマガレイを含む7種が分布しています。

豆知識

　イデユは「出湯」の意味で、海底から噴出する熱水のことを指します。

　イデユウシノシタは、熱水噴出孔に生息が確認された唯一のカレイ目魚類です。水温が高いだけでなく、有害物質を含む特殊な環境なので、それらに耐性をもった生物が集まり、独特なコミュニティー（共同体）をつくります。環形動物のハオリムシ類（チューブワーム）、甲殻類のユノハナガニ、二枚貝のシロウリガイなどが有名です。

　属名のシンフュールスは「尾と一緒に成長する」という意味で、背鰭と臀鰭が尾鰭と連続して、境界がない様子を指しています。

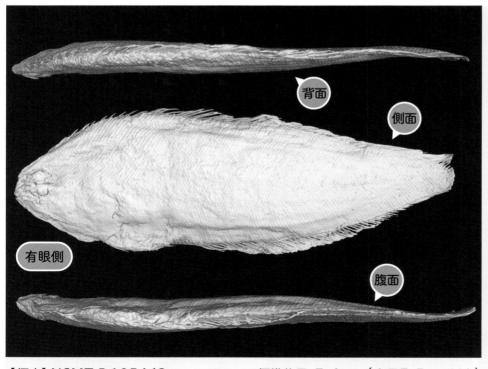

背面

側面

有眼側

腹面

CTからわかること

前頭骨の前方部は細くなります。上顎骨と歯骨は小さく、頭部の前端にあります。有眼側の主上顎骨は中間付近で曲がります。腰骨は細くて小さいです。上神経棘があります。第1 ～ 2神経棘は太くて短いです。肩帯の擬鎖骨はしっかりしています。尾椎の神経棘は血管棘と同じくらいの長さです。臀鰭第1担鰭骨は長く、湾曲します。鰓条骨は細くて長いです。

【標本】NSMT-P 105463　　　標準体長：7.4 cm（全長7.5 cm以上）

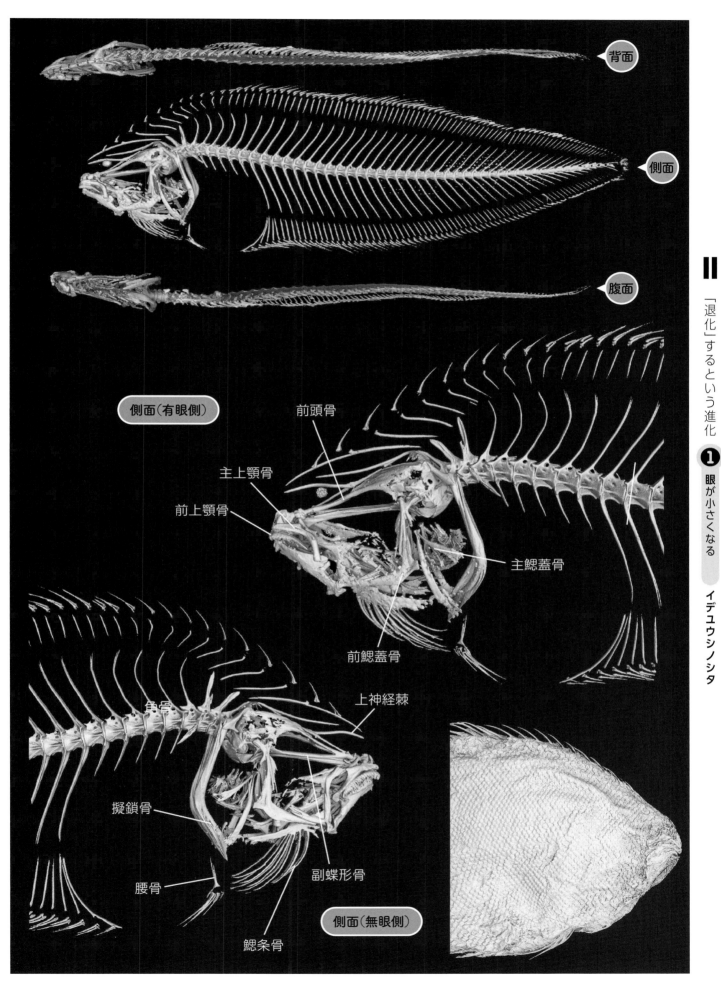

側面（有眼側）

前頭骨

主上顎骨

前上顎骨

主鰓蓋骨

前鰓蓋骨

上神経棘

角骨

擬鎖骨

副蝶形骨

腰骨

側面（無眼側）

鰓条骨

❶ ミツクリエナガチョウチンアンコウ

- 学名：*Cryptopsaras couesii* Gill, 1883
- 学名の読み方：クリプトプサラス・クーズィー
- 学名の意味：クーズ氏のクリプトプサラス
  （＝ミツクリエナガチョウチンアンコウ属）
- 系統学的位置：アンコウ目ミツクリエナガチョウチンアンコウ科
  ミツクリエナガチョウチンアンコウ属

日本で最も長い名前

【標本】NSMT-P 79591

生態

中深層遊泳性で、通常水深500〜1,250 mに生息します。日本では北海道以南の太平洋側（東シナ海を含む）、九州・パラオ海嶺に、海外では南シナ海を含む太平洋、インド洋、大西洋に分布します。魚類を含む動物食と思われます。オスとメスで体のサイズが非常に異なり、メスに比べてオスは小さく（矮小雄）、メスの体に付着して共に生活し、メスに合わせて繁殖行動に参加します。

特徴

体は卵型です。頭は大きく、頭長は標準体長の約半分です。眼は小さく、その上方には細長いイリシウムがあり、先端に小さいエスカ（擬餌状体）があります。口は大きく、斜め上を向いています。下顎は上顎よりも少し前に出ます。背鰭前方の肉質突起は3個あります。背鰭と臀鰭は体の後方でほぼ対置します。生きている時は体全体が黒色です。標準体長で最大45 cmくらいになります。

仲間

ミツクリエナガチョウチンアンコウ科は2属4種からなり、ミツクリエナガチョウチンアンコウ属は本種のみ含みます。

豆知識

長いイリシウムは背鰭鰭条が変化したものです。このイリシウムは体の内部で筋肉が巻きついており、頭の前で前後に伸ばしたりすることが可能です。

ミツクリエナガチョウチンアンコウは、日本産魚類で最も長い16字からなる標準和名です。ミツクリは箕作佳吉のことで、東京帝国大学の動物学科で日本人最初の教授を務めた他、日本で最初の臨海実験所である三崎臨海実験所をつくった人物です。エナガは「柄長」で、長いイリシウムを意味します。

種の学名のクーズィーはエリオット・L・クーズに由来します。アメリカの鳥類学者です。

属名のクリプトプサラスは「隠れた漁師（または釣り人）」という意味で、エスカの内部にある小さい骨を釣り竿に例えています。

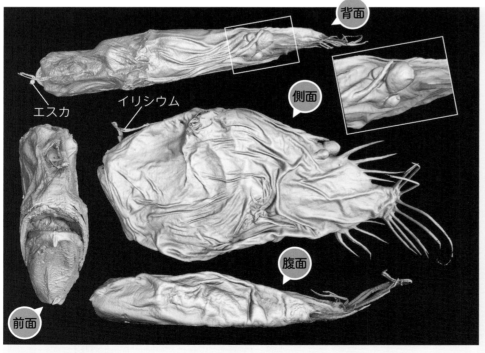

エスカ　イリシウム　背面　側面　腹面　前面

【標本】NSMT-P 64310　　標準体長：7.9 cm（全長11.7 cm）、メス個体

CTからわかること

イリシウムが長く、頭部から背中を貫通します。上顎と下顎の骨がしっかりしています。擬鎖骨が大きいです。腰骨がありません。背鰭・臀鰭担鰭骨は鰭条に比べて小さく、華奢です。尾鰭骨格は尾鰭条に比べて華奢です。脊椎骨の神経棘と血管棘が発達します。肋骨はありません。

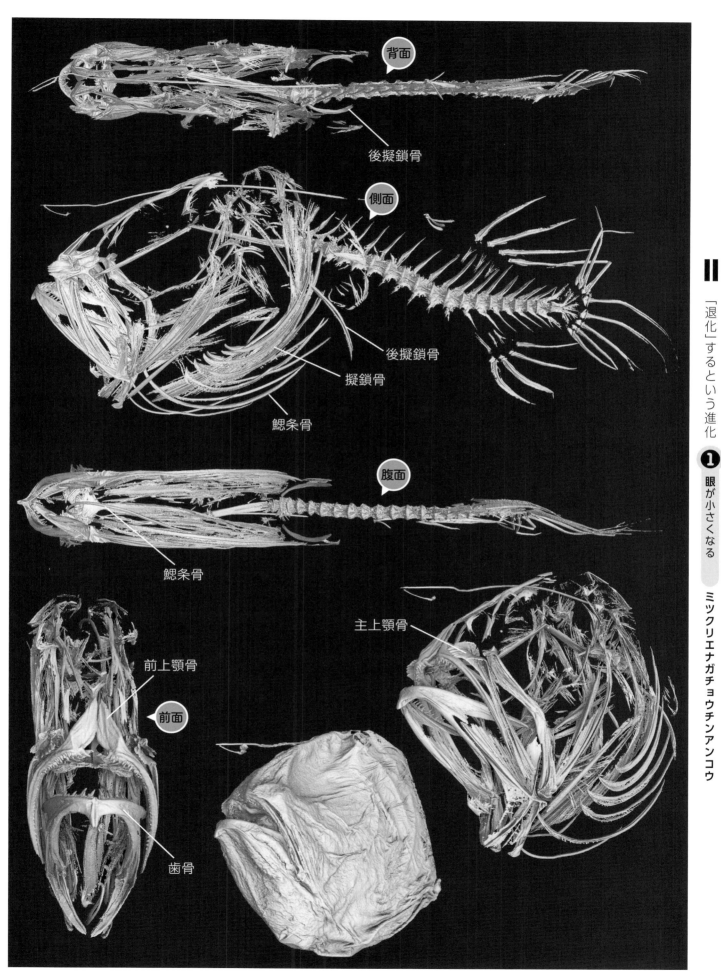

背面

後擬鎖骨

側面

後擬鎖骨

擬鎖骨

鰓条骨

腹面

鰓条骨

前上顎骨

前面

歯骨

主上顎骨

エックス線CT撮影の様子

魚類を保存する方法は2つあります。液浸と剥製です。博物館の職員として、一般の方から質問で、「液浸にするか、剥製にするか、の基準はなんですか？」とよく聞かれます。筆者は、剥製は液浸で保存できない大きなものを保存する時につくると答えますが、さらに液浸は骨も内臓も丸ごと残せるので、皮だけを残す剥製よりも学術的には価値が高いと説明しています。もちろん剥製にも相当の価値や便利なところがあります。例えば、数mの魚を液浸標本で残すことは、保存する容器の準備をするだけで剥製の作成にかかるお金の数倍になり、保存液にもよりますが、相当管理が難しくなります。

国立科学博物館では常時標本が増え、そのほとんどが標本瓶に入るサイズの魚なので、実際には液浸標本にして残していきます。

さて、本書の魚類標本のエックス線CT撮影についてですが、開始当初は簡単ではありませんでした。まずは液体が入った容器ごと撮影を試しましたが、液体の密度と標本の密度が近いため、魚体の大部分がはっきり区別されませんでした。標本を取り出して、空気中での撮影も考えましたが、撮影中に標本が乾燥してダメになるだけでなく、標本から蒸発した水分がデリケートなエックス線CT装置を故障させる危険がありました。

そこで魚体を少しだけ乾かし、適切なタイミングで空の容器に閉じ込めて、撮影をしました。エックス線CT撮影は、撮影時間をかければかけるほどキレイな画像が得られますが、撮影時間が長くなると容器内での乾燥が進み、形が変わってしまいます。最短時間で最もキレイに撮れる条件を数か月試行錯誤して見つけ出しました。

なお、本書では72種（解説を含めると73種）をエックス線CT画像で解説しましたが、機械の操作に慣れるために90種近い深海魚を撮影しました。その中から良いものを選んで紹介しています。

また、エックス線は発砲スチロールやメラミンスポンジをほぼ完全に透過することを知り、容器内で標本を固定する際に利用しました。少しでも余分な液体が標本に残っていると発砲スチロールに水分が移り、その部分が映ってしまうということもよくありました。国立科学博物館にあるエックス線CT撮影装置の回転テーブルには、最大で直径40 cm、高さ30 cm、重さ12 kgまでのものを載せることができます。回転テーブルの上に載せた容器の中で標本が少し動いてしまい、撮影に失敗したこともありました。

3次元（3D）画像をつくるためには、撮影とは別のコンピュータ（ワークステーション）が必要になります。1回のエックス線CT撮影でできる断面の画像データは数百枚以上になり、データ量は合計で数十〜数百ギガバイトになるので、PC（パーソナルコンピュータ）では処理しきれません。

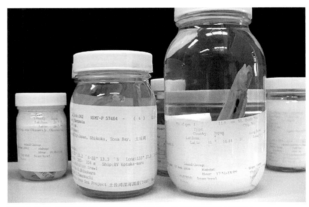

密閉式のガラス瓶に保管している魚類液浸標本

操作用コンピュータ　エックス線CT撮影装置　解析用コンピュータ

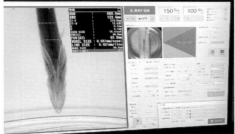

操作用コンピュータ画面

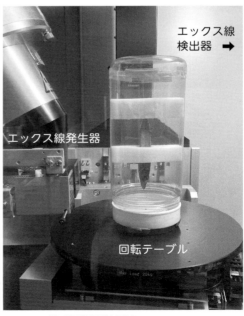

エックス線検出器 →　エックス線発生器　回転テーブル

エックス線CT撮影装置内

II. 「退化」するという進化

❷

骨や鱗が発達しない

コンゴウアナゴ

- ●学名：*Simenchelys parasitica* Gill, 1879
- ●学名の読み方：スィーメンケリュス・パラシティカ
- ●学名の意味：寄生性のスィーメンケリュス（＝コンゴウアナゴ属）
- ●系統学的位置：ウナギ目ホラアナゴ科コンゴウアナゴ属

死骸に集まる影

【標本】NSMT-P 78011

生態

　水深365〜2,620 mに生息し、日本近海を含む西部太平洋、南アフリカ沖および大西洋に分布します。腐肉食（＝屍肉食）で、海底に横たわる動物の死骸を食べています。仔魚はレプトセファルス幼生です。

特徴

　吻は短く、頭の前方は丸みを帯びます。口は小さく、その後端は眼の前縁に達しません。体は細長く、前半の断面はほぼ円形で、後半は側扁します。歯は切歯状で、鱗は小さく皮膚に埋もれます。背鰭と臀鰭は尾鰭と連続し、臀鰭は体の後半部分から始まります。体表は粘液質でヌルヌルしています。生きている時の体色は全身黒みがかった茶色です。全長で最大60 cmくらいになります。

仲間

　コンゴウアナゴ属はコンゴウアナゴ1種のみからなります。

豆知識

　属名のスィーメンケリュスは「獅子鼻のウナギ」という意味です。

　命名者のセオドア・N・ギルは新種記載の論文で、コンゴウアナゴがオヒョウ（世界最大のカレイ目魚類）の体の中に潜っていたことを報告し、寄生性と考えました。

　クジラなどの死骸に群がる姿が深海カメラで記録されています。自分の体よりも大きい死骸に噛みつき、かじるようにして少しずつ食べ進め、肉塊の中に入っていきます。また、かじった肉を引き離すために、高速で体を回転させます。

　腐肉食は肉食性の1つで、鳥類ではハゲタカ、哺乳類ではハイエナ、魚類ではヌタウナギが有名です。

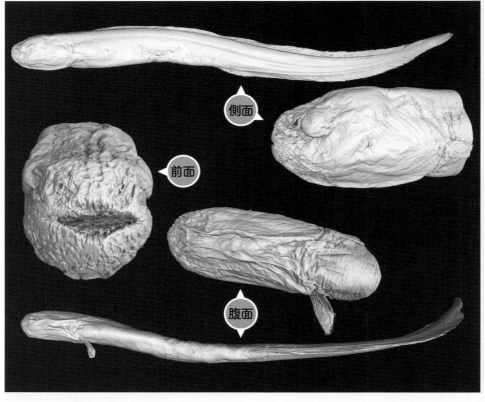

側面

前面

腹面

【標本】NSMT-P 49064

全長 19.6 cm

CTからわかること

下顎は上顎よりも少し前に出ます。眼下骨は主上顎骨よりも前に出ます。眼の上にも眼下骨に連なる骨片が並んでいます。左右の前頭骨は癒合して1個の骨になります。前上顎骨はなく、篩骨の腹面に切歯状歯が4本あります。主上顎骨の前半腹面にも同様の歯が並び、後半は腹側に曲がります。歯骨は大きく、切歯状歯があります。鰓条骨は細長く、湾曲します。主鰓蓋骨と下鰓蓋骨は三日月形で、前鰓蓋骨と間鰓蓋骨は棒状です。

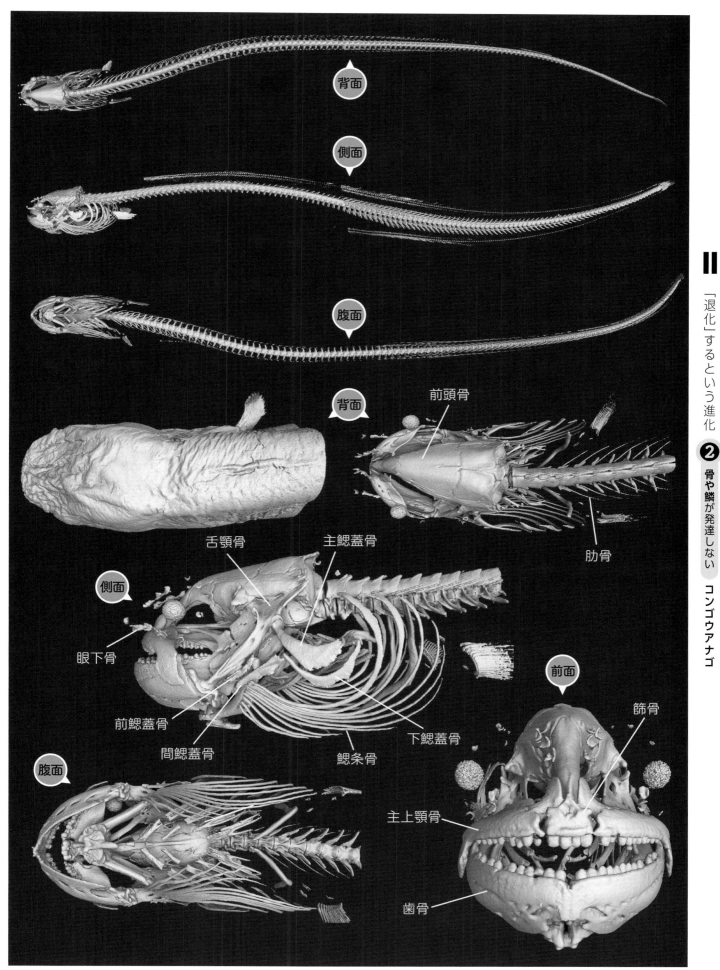

背面

側面

腹面

背面

前頭骨

肋骨

舌顎骨

主鰓蓋骨

側面

眼下骨

前面

篩骨

前鰓蓋骨

間鰓蓋骨

下鰓蓋骨

鰓条骨

主上顎骨

腹面

歯骨

ハナメイワシ

●学名：*Sagamichthys abei* Parr, 1953
●学名の読み方：サガミクチス・アベイ
●学名の意味：阿部氏のサガミクチス（＝ハナメイワシ属）
●系統学的位置：ニギス目ハナメイワシ科ハナメイワシ属

発光物質で
霧隠れ

【標本】NSMT-P 79387

生態

　水深1,500 mまで（通常300〜900 m）の中深層に生息し、日本では相模湾以北の太平洋に、海外ではオホーツク海、千島列島、カムチャツカ半島の東岸、ベーリング海を含む北太平洋や東太平洋に分布しています。肩にある小さい管から青白い発光液を出し、姿をくらませます。小型の甲殻類などを食べています。

特徴

　頭は大きく、体はやや側扁します。口は大きく、下顎は上顎より少し前に出ます。吻は短く、先端はやや丸みを帯びます。眼は大きく、頭の前方にあります。背鰭と臀鰭は体の後半にあります。腹鰭は背鰭よりも前にあります。尾鰭は二叉します。頭と体は小さい鱗におおわれます。側線はほぼまっすぐで、体のやや背側にあります。胸鰭と側線の間に発光液を出す小さい管があります。頭部や体側には様々な形の発光器があります。生きている時の体色はほぼ黒色です。標準体長で最大30 cmくらいになります。

仲間

　ハナメイワシ属は世界に3種が知られ、日本にはハナメイワシだけが生息しています。

豆知識

　種の学名のアベイは、東海区水産研究所の阿部宗明（日本の魚類分類学の黎明期を支えた研究者）に由来します。

　ハナメの意味は不明ですが、発光物質を噴出する器官が「花芽」に似ており、そこから出る発光液が、花びらが咲くように広がる様子を想像したのではないかと思います。

　ハナメイワシは、腹面から見ると発光器同士が離れています。おそらく体全体の影を隠すのではなく、輪郭を分断して捕食者に位置を特定されないようにしているのではないかと思います。

　属名のサガミクチスは「相模湾の魚」という意味です。

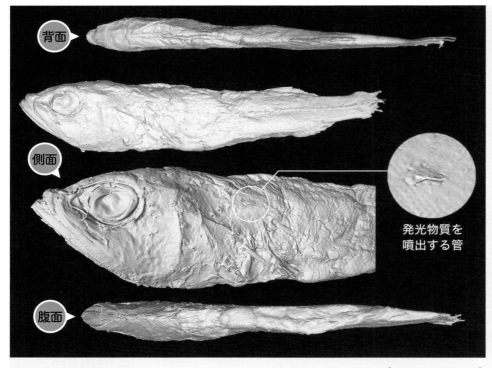

背面

側面

腹面

発光物質を
噴出する管

【標本】NSMT-P 35363　　　標準体長：18.5 cm（全長19.8 cm）

CTからわかること

前頭骨は幅広くて薄いです。眼下骨は大きく、第2〜4眼下骨が広く、頬の大部分をおおいます。前上顎骨は主上顎骨に比べて小さいです。前上顎骨、主上顎骨および歯骨には、先端がやや曲がった円錐歯が並んでいます。前鰓蓋骨は薄くて華奢です。肩帯の上擬鎖骨と擬鎖骨は細長く、板状です。上神経棘があります。腰骨は小さいです。肋骨と肉間骨があります。

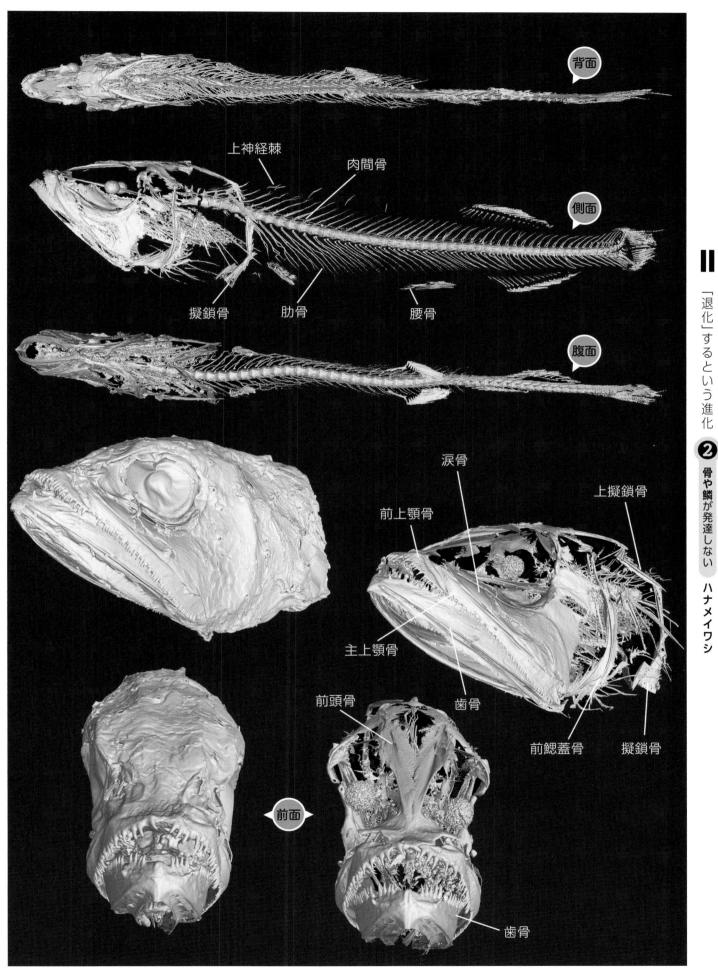

背面

上神経棘

肉間骨

側面

擬鎖骨　　肋骨

腰骨

腹面

涙骨

前上顎骨

上擬鎖骨

主上顎骨

前頭骨

歯骨

前鰓蓋骨　　擬鎖骨

前面

歯骨

❷ タナカセキトリイワシ

力士のように柔らかい体

- ●学名：*Rouleina guentheri*（Alcock,1892）
- ●学名の読み方：ロウレイナ・グンセリィ
- ●学名の意味：ギュンター氏のロウレイナ（＝セキトリイワシ属）
- ●系統学的位置：ニギス目セキトリイワシ科セキトリイワシ属

【標本】NSMT-P 114299

生態

水深320～1,260 mの海底付近に生息し、日本では相模湾、駿河湾、土佐湾、東シナ海などに、海外では台湾、ニュージーランドを含むインド西太平洋に分布します。水中を漂う1 mm以下の無脊椎動物や死骸由来の有機物を主に食べています。

特徴

眼と口は大きいです。背鰭と臀鰭は体の後方にあり、ほぼ上下対称的な位置関係になります。体には側線があります。側線上にはリング状の鱗がありますが、その他の部位に鱗はありません。生きている時の体色は紫がかった黒色です。皮膚や筋肉は柔らかく、水っぽいです。標準体長で最大25 cmくらいになります。

仲間

セキトリイワシ属は世界に10種が知られ、日本にはタナカセキトリイワシとセキトリイワシの2種が分布しています。

豆知識

種の学名のグンセリィは大英自然史博物館の魚類学者で、爬虫類学者でもあったアルバート・C・L・G・ギュンターに由来します。ギュンターの姓には、学名に使用できないウムラウトつきの文字（ü）が入っているので、guenther（グンサー）に変えられています。

和名のタナカセキトリイワシのタナカは、東京帝国大学の田中茂穂のことです。

属名のロウレイナは、フランスの魚類学者のルイ・ロウルのことで、シギウナギ類の研究をした人物としても知られています。

セキトリの意味ははっきりしませんが、セキトリイワシは漢字で「関取鰯」と書きます。駿河湾で発見され、2021年に新種として報告されたヨコヅナイワシは、他のセキトリイワシ類に比べて巨体になり（標準体長1 m以上）、深海でトッププレデター（捕食者の最高位）であることから名づけられました。

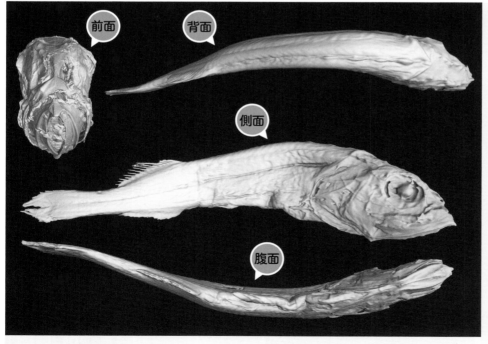

【標本】NSMT-P 114299　　　標準体長：13.7 cm（全長14.6 cm）

CTからわかること

前頭骨や頭頂骨は幅広く、薄いです。前上顎骨は吻が小さいです。主上顎骨は大きく、背側に2個の上主上顎骨がつきます。後側頭骨とそれにつながる肩帯の上擬鎖骨と擬鎖骨は比較的しっかりしています。腰骨は小さいです。上神経棘があります。肋骨と肉間骨があります。

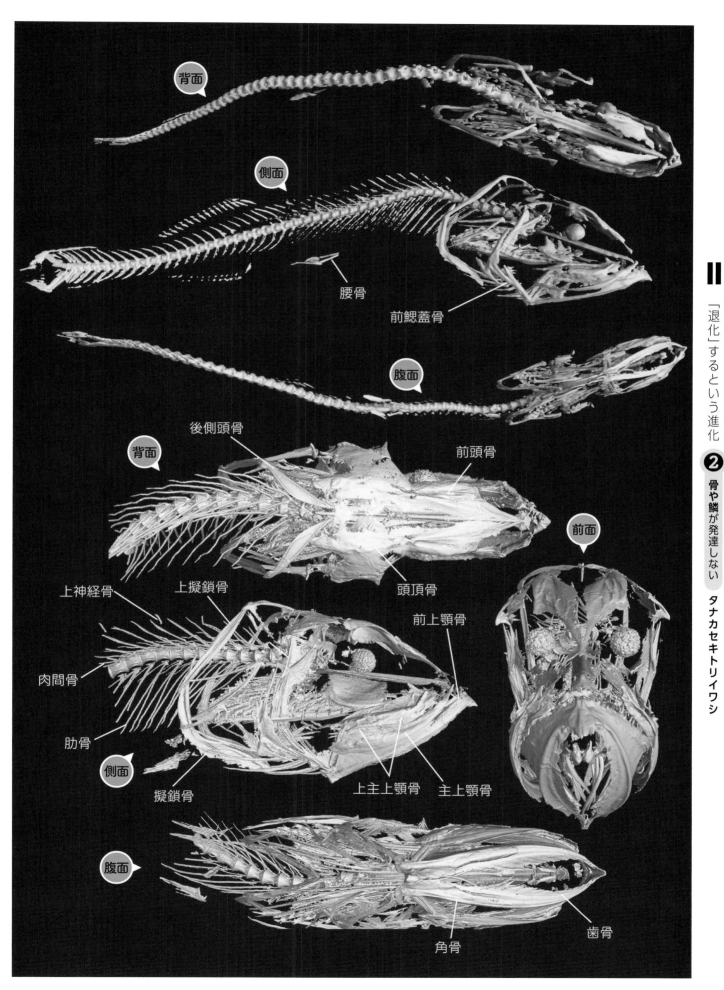

背面

側面

腰骨

前鰓蓋骨

腹面

後側頭骨

前頭骨

背面

頭頂骨

前面

上神経骨

上擬鎖骨

前上顎骨

肉間骨

肋骨

側面

擬鎖骨

上主上顎骨

主上顎骨

腹面

角骨

歯骨

オオヨコエソ

- 学名：*Sigmops elongatus*（Günther, 1878）
- 学名の読み方：シグモプス・エロンガータス
- 学名の意味：(体が)伸びているシグモプス(＝ヨコエソ属)
- 系統学的位置：ワニトカゲギス目ヨコエソ科ヨコエソ属

大きな体と薄い骨

【標本】NSMT-P 134760

生態

水深250〜1,200mまでの中層域に生息し、太平洋、インド洋、大西洋の暖海に分布します。食性はよくわかっていませんが、獲物を刺すための牙状の犬歯状歯があるので、動物食と考えられています。

特徴

眼が小さく、頭の前の方にあります。上顎よりも下顎が前に出ます。背鰭と尾鰭の脂鰭があります。体には丸い発光器が2列あり、上の列の発光器と尾鰭上下の付け根に発光組織（発光腺）がつきます。体に鱗はありません。生きている時は頭部や体の大部分が黒色ですが、頬や鰓蓋、さらに体側の中位が銀色です。標準体長で最大28cmに達します。

仲間

ヨコエソ属は世界に5種知られています。日本にはオオヨコエソの他にヨコエソ（*Sigmops gracile*：シグモプス・グラシレ）が生息します。この2種は姿が似ていますが、ヨコエソは成長してもオオヨコエソの半分くらいの大きさにしかなりません。

豆知識

属名のシグモプスは「シグマ（ギリシア文字のΣ）に似たもの」という意味です。詳しくはわかりませんが、頭部もしくは口（または口を開いた状態）の形に関係していると思われます。

オオヨコエソは、骨格があまり発達しません(軟エックス線写真撮影をしても骨がはっきり写りません)。近縁種のシグモプス・バシファイラム（*Sigmops bathyphylum*）は、さらに深い場所（水深700〜3,000m）に生息しますが、オオヨコエソよりももっと骨格の発達が弱く、また筋肉も水っぽくなることが知られています。

ヨコエソ属は性転換することが知られています。最初はすべてがオスですが、大きくなるとメスになります。子孫を残すための生存戦略と考えられています。

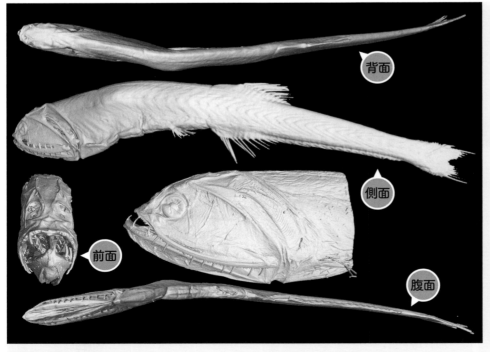

背面

側面

前面

腹面

【標本】NSMT-P 76424　　　標準体長：15.5cm（全長17.5cm）

CTからわかること

前上顎骨と主上顎骨、さらに歯骨にはほぼ等間隔に並ぶ長い犬歯状歯とその間を埋める小さい円錐歯が1列に並びます。頭蓋骨と背鰭の第1担鰭骨の間には多数の上神経棘があります。腰骨は小さいです。肋骨と肉間骨があります。肩帯の骨は細長くて弓状です。

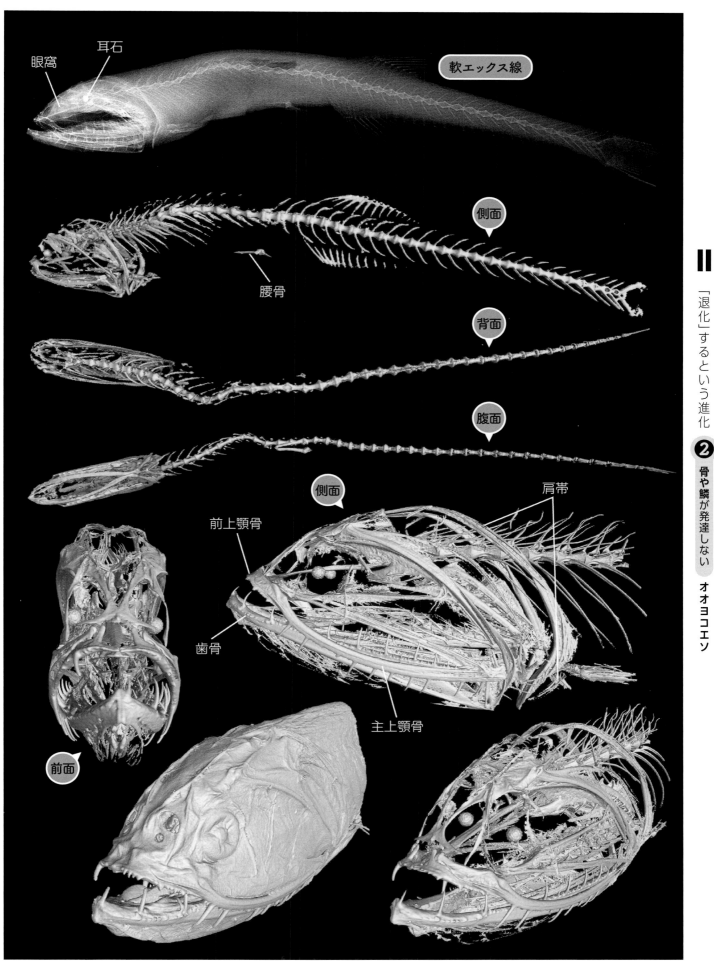

眼窩

耳石

軟エックス線

側面

腰骨

背面

腹面

側面

前上顎骨

歯骨

主上顎骨

肩帯

前面

シャチブリ

ピエロのような
大きな鼻

- 学名：*Ateleopus japonicus* Bleeker, 1853
- 学名の読み方：アテレオープス・ヤポニクス
- 学名の意味：日本（産）のアテレオープス（＝シャチブリ属）
- 系統学的位置：シャチブリ目シャチブリ科シャチブリ属

【標本】BSKU 94138（高知大学所蔵）

生態

水深600ｍまでの砂泥底に生息し、海底の少し上を遊泳しています。日本では茨城県以南の太平洋（瀬戸内海を含む）、新潟県より西側の日本海に、海外では東シナ海、南シナ海、オーストラリアに分布しています。口を伸ばして、小型の甲殻類などを吸い込むように食べます。

特徴

体は細長く、側扁します。頭は大きく、円筒形です。吻は膨らんで大きく、寒天質で弾力性があります。口は頭の腹面にあります。背鰭は体の前部にあり、胸鰭とほぼ同形です。臀鰭は体の3分の2を占めます。腹鰭は糸状です。鱗はありません。生きている時は、全身が透明感のある茶褐色です。臀鰭の縁、背鰭、胸鰭、尾鰭は黒色です。全長で最大1ｍくらいになります。

仲間

シャチブリ属は世界で2種が知られ、日本には両種が生息します。

豆知識

頭部は大きく丸みを帯び、体は全体的に柔らかく、特に吻はゼラチン質で、英名のジェリーノーズ・フィッシュ（Jellynose Fish）の由来になっています。

属名のアテレオープスは「不完全な足」という意味です。腹鰭に軟条が1本しかないことを指しています。成魚では1本ですが、若魚までは最大10本あり、成長過程で数が減ります。

シャチブリは漢字で「鯱振」と書きます。シャチは鯱鉾の鯱と同じで、想像上の動物（頭が虎で胴体が魚）です。ブリは「ふりをする」という意味だと思います。

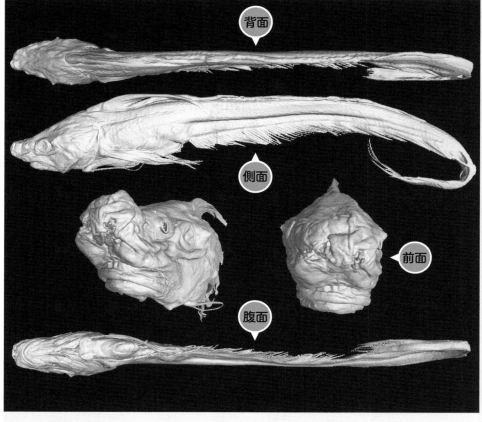

背面

側面

前面

腹面

【標本】NSMT-P 48267　　　　標準体長：33.7 cm（全長36.0 cm）

CTからわかること

頭蓋骨は骨化の程度が低く、吻部の大部分は軟骨です。前頭骨は細長く、左右の要素の間は幅広い軟骨でつながります。上後頭骨と頭頂骨の間、前頭骨と翼耳骨の間などにも軟骨があり、連結が弱いです。眼の周囲には、眼下骨を含む小さい孔が開いた骨片が数珠つなぎになってます。前上顎骨の上向突起は長いです。上主上顎骨が主上顎骨の後方にあります。主鰓蓋骨は三角形です。上擬鎖骨と擬鎖骨はしっかりとしています。

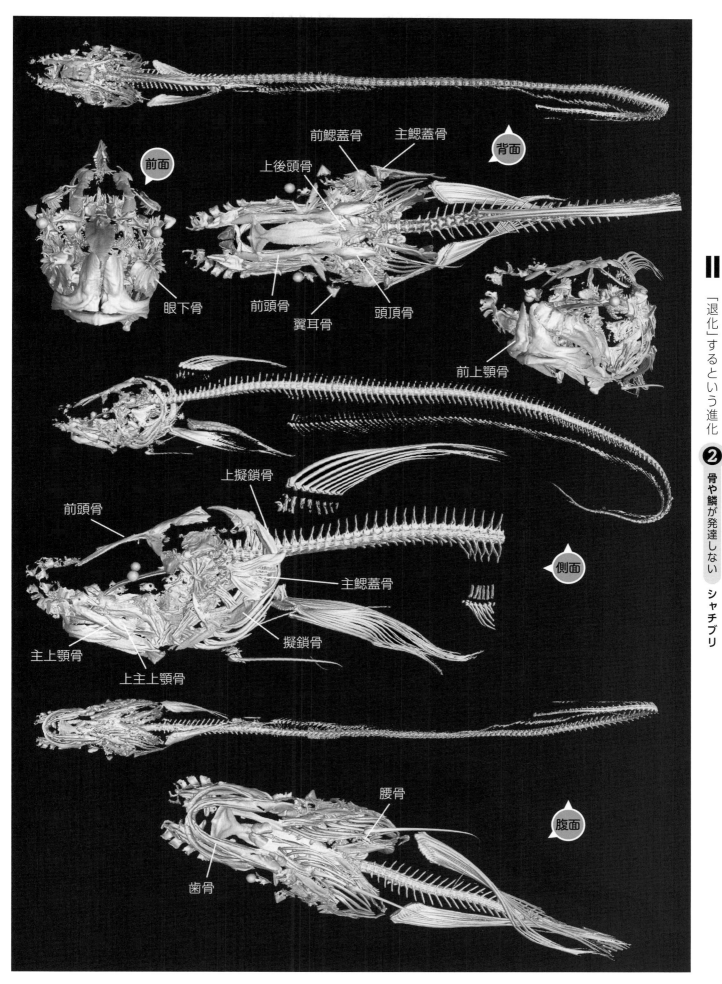

前鰓蓋骨　主鰓蓋骨

上後頭骨

背面

前面

眼下骨　前頭骨　頭頂骨

翼耳骨

前上顎骨

前頭骨

上擬鎖骨

主鰓蓋骨

側面

擬鎖骨

主上顎骨

上主上顎骨

腰骨

腹面

歯骨

❷ フリソデウオ

骨や鱗が発達しない

- ●学名：*Desmodema polystictum*（Ogilby, 1897）
- ●学名の読み方：デスモデーマ・ポリスチクトゥム
- ●学名の意味：斑紋がたくさんあるデスモデーマ（＝フリソデウオ属）
- ●系統学的位置：アカマンボウ目フリソデウオ科フリソデウオ属

【標本】NSMT-P 68656

リュウグウノツカイや
アカマンボウの親戚

生態

　沖合の中層域に生息し、日本では北海道釧路〜土佐湾の太平洋側、兵庫県〜九州北西岸の日本海に、海外では太平洋、大西洋に分布しています。上顎を前に長く伸ばしてプランクトンや浮遊性の甲殻類を食べています。背鰭を波立たせて、立ち泳ぎのような姿勢で移動します。

特徴

　眼は大きく、両眼間隔域は狭いです。体は著しく側扁します。下顎は上顎よりも前に出ます。吻長は眼径より小さいです。背鰭は大きいです。臀鰭はありません。尾鰭は扇状で小さく、8本前後の軟条からなります。体には、はがれやすい小さい鱗があります。生きている時は体が銀色で、背鰭と尾鰭は朱色です（幼魚期の腹鰭も朱色です）。標準体長で最大1mくらいになります。

仲間

　フリソデウオ属にはフリソデウオの他にオキフリソデウオが知られ、日本にも分布しています。

豆知識

　幼魚〜若魚の時には、体に眼の大きさの黒い斑紋（眼状斑）が多数ありますが、成魚になるとなくなります。また、体形も成長にしたがって細長くなります。

　属名のデスモデーマは「帯のような体」という意味です。英名ではリボンに例えられ、フリソデウオ属の魚はリボンフィッシュ（Ribbonfish）と呼ばれます。

　フリソデウオのフリソデは「振袖」の意味で、幼魚の時にだけある大きくて朱色の腹鰭に由来します。

　泳ぎが得意ではないため、台風や大きな時化の直後に沿岸に打ち寄せられます。

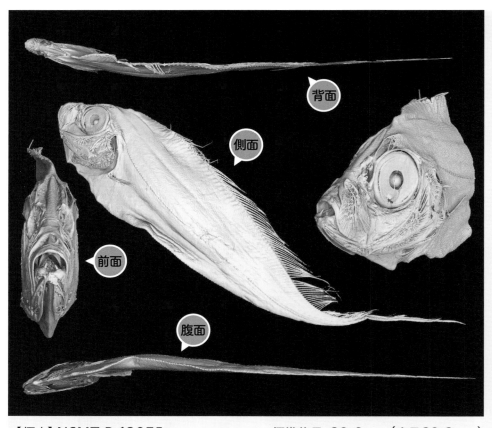

【標本】NSMT-P 63975　　　　標準体長：28.0 cm（全長29.2 cm）

CTからわかること

大部分の骨は柔らかく、薄いか、もしくは細くて華奢です。前上顎骨の上向突起は長く、その後端は後頭部に達します。鼻骨は長く、歯骨に2本の円錐歯があります。主上顎骨は板状です。歯骨は大きく、前鰓蓋骨、主鰓蓋骨、下鰓蓋骨、間鰓蓋骨の縁はなめらかです。肩帯の上擬鎖骨、擬鎖骨、後擬鎖骨は細長いです。上神経棘が1本あります。腰骨は「く」の字形で、前方で擬鎖骨とつながります。

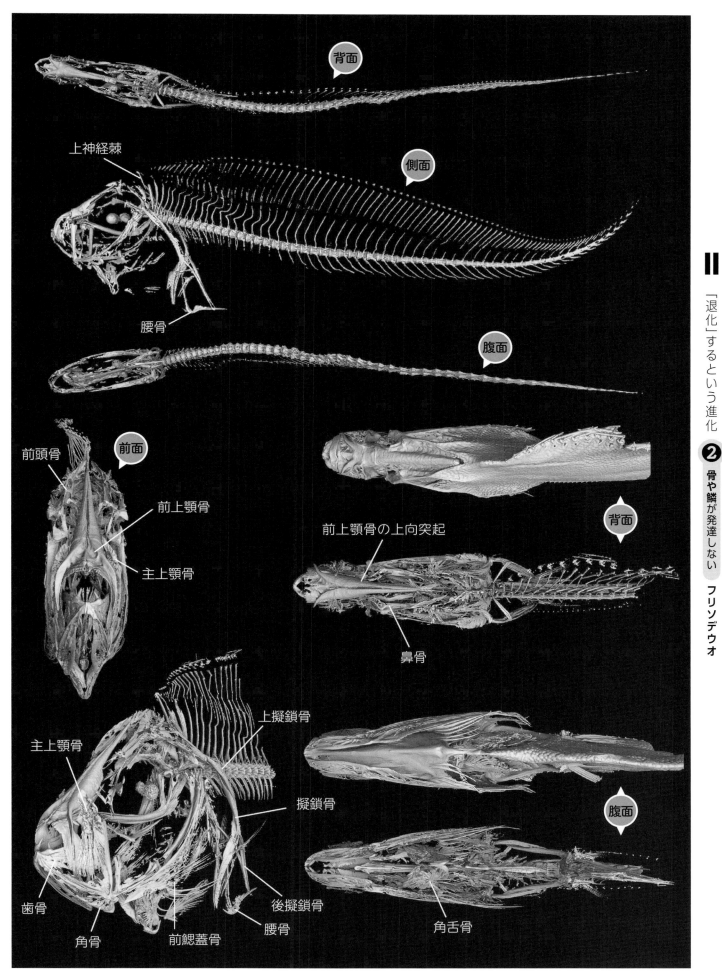

背面

側面

上神経棘

腰骨

腹面

前頭骨

前面

前上顎骨

主上顎骨

前上顎骨の上向突起

背面

鼻骨

主上顎骨

上擬鎖骨

擬鎖骨

歯骨

後擬鎖骨

腰骨

角骨

前鰓蓋骨

腹面

角舌骨

❷ 骨や鱗が発達しない

ハナトゲアシロ

ツノが生えた
オタマジャクシ

- ●学名：*Acanthonus armatus* Günther, 1878
- ●学名の読み方：アカンソーヌス・アルマータス
- ●学名の意味：武装したアカンソーヌス
  （＝ハナトゲアシロ属）
- ●系統学的位置：アシロ目アシロ科ハナトゲアシロ属

【標本】NSMT-P 114298

生態

　水深957 ～ 4,417 mの海底付近に生息し、日本では駿河湾に、海外ではフィリピン諸島、ニューカレドニアなどを含む太平洋の他、インド洋や大西洋に分布しています。環形動物（特に管の中に棲む種類）、底生または海底付近を遊泳する甲殻類などを食べています。

特徴

　体はオタマジャクシ形で、頭は大きく、体は後方にいくほど細くなります。眼は小さく、頭のほぼ中位の高さにあります。吻は突出し、先端には前方で二又する棘（吻棘）があります。上顎は下顎よりも少し前に出ています。主鰓蓋骨に長くて頑強な1本の棘があります。前鰓蓋骨の後縁に4本、側面に1本の棘があり、背側の棘が最大です。背鰭、尾鰭および臀鰭は連続します。胸鰭は2本の背鰭が始まる位置の真下にあります。腹鰭は2本の軟条からなり、頭の腹面にあります。生きている時は、頭部と体の大部分が白っぽい灰色で、口、鰓蓋および胸鰭とその周囲は黒色、背鰭と臀鰭は暗色です。全長で最大40 cmくらいになります。

仲間

　ハナトゲアシロ属はハナトゲアシロ1種のみを含みます。

豆知識

　種名のアルマータス（武器をもった）は、頭と鰓蓋に鋭く尖った棘があることに由来します。特徴的な形の吻棘ですが、どのように使われるのかわかっていません。

　属名のアカンソーヌスは「棘をもったタラ類の一種、もしくはメルルーサ類の一種」（どちらもタラ目）という意味です。アシロ目は、タラ目に近縁と考えられた時代に発見されたことが、その理由と考えられます（現在、両者はかなり遠縁であることがわかっています）。

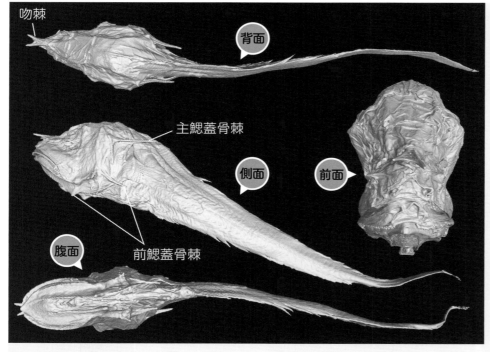

吻棘　背面　主鰓蓋骨棘　側面　前面　腹面　前鰓蓋骨棘

【標本】NSMT-P 101317　　　標準体長：18.5 cm（全長19.6 cm）

CTからわかること

　鼻骨は前方に長く、吻棘をつくります。前頭骨は大きく、その背面は平たんです。前上顎骨の上向突起は太いです。主上顎骨は板状で大きく、その後端の背面には小さい上主上顎骨があります。歯骨は前上顎骨の内側にはまります。肋骨があります。脊椎骨に比べて、背鰭・臀鰭担鰭骨は細くて華奢です。

160

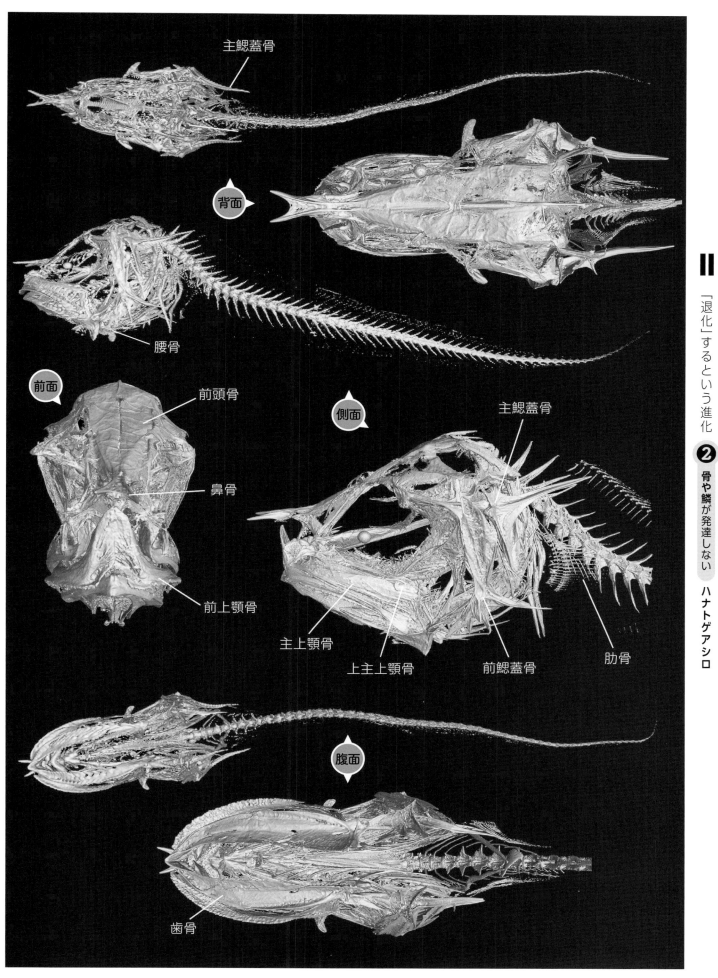

主鰓蓋骨

背面

腰骨

前面

前頭骨

鼻骨

前上顎骨

側面

主鰓蓋骨

主上顎骨

上主上顎骨

前鰓蓋骨

肋骨

腹面

歯骨

クロボウズギス

- ●学名：*Pseudoscopelus sagamianus* Tanaka, 1908
- ●学名の読み方：シュードスコペルス・サガミエイナス
- ●学名の意味：相模（湾産）のシュードスコペルス
  （＝クロボウズギス属）
- ●系統学的位置：スズキ目クロボウズギス科クロボウズギス属

体重を倍にする
フードファイター

【標本】HUMZ 211683（北海道大学所蔵）

生態

深海中深層に生息し、日本では相模灘以南の西部太平洋に、海外では天皇海山近海ジャワ島沖のインド洋、ニュージーランド、中央太平洋に分布します。軟体動物、魚類などの大きな獲物を飲み込んで、腹が膨れた個体がよく見つかります。折りたたんで胃の中におさまれば、自分よりも大きい獲物でも食べることができると考えられています。

特徴

口は大きく、吻が尖ります。眼は頭の前方にあります。前に位置する鼻の孔（前鼻孔）は丸く、後の孔（後鼻孔）は細長い溝状です。胸鰭は大きくて細長いです。頭部や体に鱗がありません。尾鰭が二叉します。皮膚は柔軟で、特に腹部は伸縮します。頭部や体の腹面に黒点状の発光器があります。生きている時は全身が黒色で、各鰭は半透明です。標準体長で最大15cmくらいになります。

仲間

クロボウズギス属は日本に5種、世界に16種が知られています。

豆知識

今回の撮影標本の胃にシギウナギらしき獲物が入っていたので、その骨が折りたたまれた状態で写っています。クロボウズギスの華奢な肋骨、短い背鰭・臀鰭担鰭骨、小さい腰骨などは、胃が膨らむ際に、邪魔にならないように進化したものだと思われます。

漢字では「黒坊主鱚」と書きます。頭に棘などの突起がなく（坊主頭）、体が黒っぽいことをあらわしています。

属名のシュードスコペルスは「偽のスコペルス（ハダカイワシ科の1属）」という意味です。大きな口と眼の位置がクロボウズギス属の顔と重なるところがあります。分類の研究が進んだため、現在のハダカイワシ科にスコペルスはいません。クロボウズギスに似たハダカイワシ類には*Lobianchia*（ロビアンキア）などがいます。

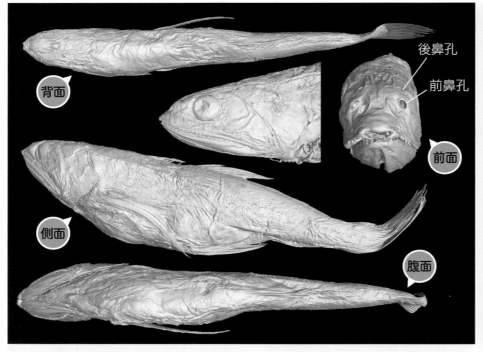

背面

側面

腹面

後鼻孔

前鼻孔

前面

【標本】NSMT-P 35445　　　　標準体長：10.4cm（全長12.5cm）

CTからわかること

鼻骨は大きく、前面から見ると前鼻孔を縁どる部分が目立ちます。前上顎骨と歯骨には大小様々な針状の円錐歯があり、特に上顎の内側の歯は、外側の大多数のものと生える方向がほぼ90°異なります。前上顎骨の上向突起は板状です。歯骨の腹面には下顎管の開口部が並びます。腰骨は小さいです。肋骨、肉間骨があります。背鰭・臀鰭担鰭骨は細く短いです。

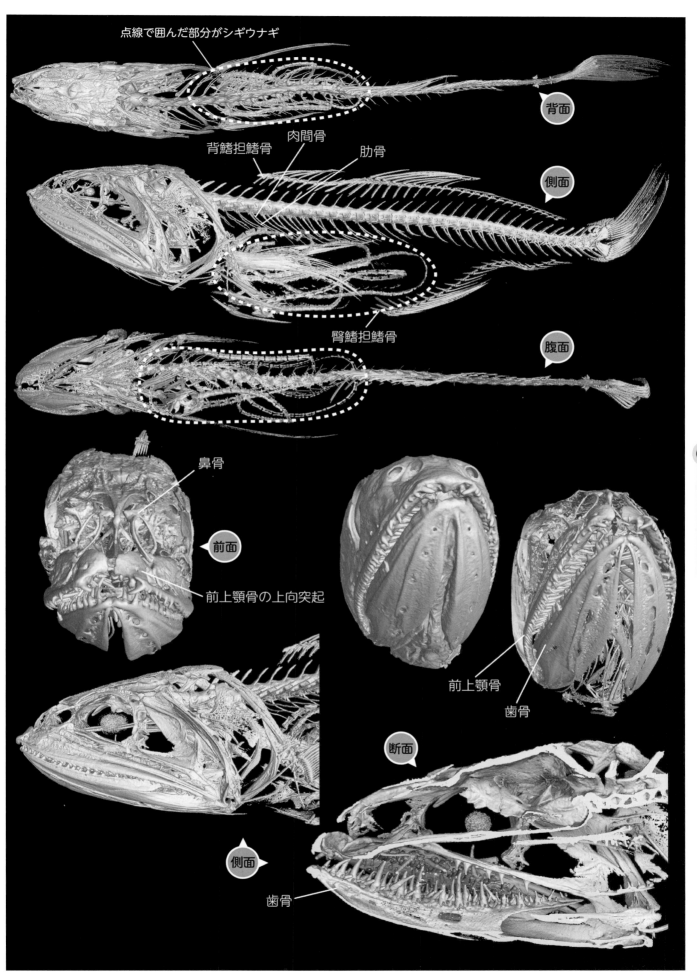

点線で囲んだ部分がシギウナギ

背面

背鰭担鰭骨　肉間骨　肋骨

側面

臀鰭担鰭骨

腹面

鼻骨

前面

前上顎骨の上向突起

前上顎骨

歯骨

断面

側面

歯骨

クロカサゴ

- ●学名：*Ectreposebastes imus* Garman, 1899
- ●学名の読み方：エクトレポセバステス・イムス
- ●学名の意味：最低のエクトレポセバステス（＝クロカサゴ属）
- ●系統学的位置：カサゴ目フサカサゴ科クロカサゴ属

【標本】NSMT-P 91511

軽い体で楽に移動

生態

水深150～2,000 mの中深層域に生息します。日本を含む太平洋の他、インド洋や大西洋に分布しています。垂直方向の回遊（日周鉛直移動）をします。

特徴

頭が大きく、眼は相対的に小さいです。体は柔らかく、鱗は取れやすいです。胸鰭が非常に大きく、尾鰭の手前の尾柄が細いです。側線は溝状になり、目立ちます。主上顎骨に隆起線があります。背鰭に12本の棘条があります。生きている時の体色は全体的に黒く、ところどころ赤色や青色が混ざります。

仲間

クロカサゴ属にはクロカサゴを含め2種が知られています。フサカサゴ科内ではシロカサゴ属（シロカサゴ、アカカサゴなどの種を含む）に近縁と考えられています。

豆知識

種の学名のイムス（「最低の」の意味）には驚くかもしれませんが、おそらく人間から見て食用的な価値がないことを示しているのではないかと思います。

属名のエクトレポセバステスは、エクトレポ（別方向）にメバル属を意味するセバステスがついたもので、「メバル属とは違うもの」という意味になります。

CTからわかること　脊椎骨、尾鰭骨格以外の内部骨格は発達していません。比較的しっかりしているのは、前上顎骨、歯骨、前鰓蓋骨、擬鎖骨、腰骨などです。背鰭、臀鰭および腹鰭の棘条が細くて弱々しく、薄い板の組み合わせのような構造をしています。

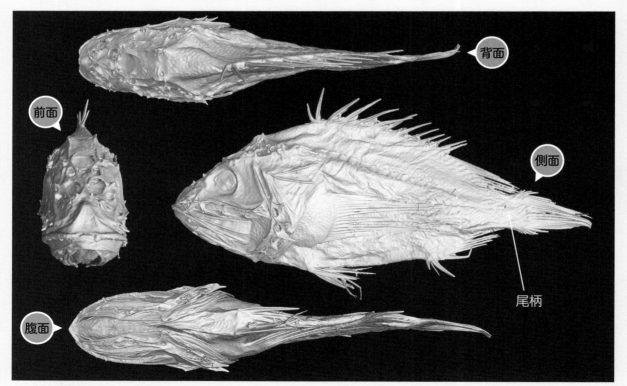

背面

前面

側面

尾柄

腹面

【標本】NSMT-P 58537　　標準体長：8.5 cm（全長10.4 cm）

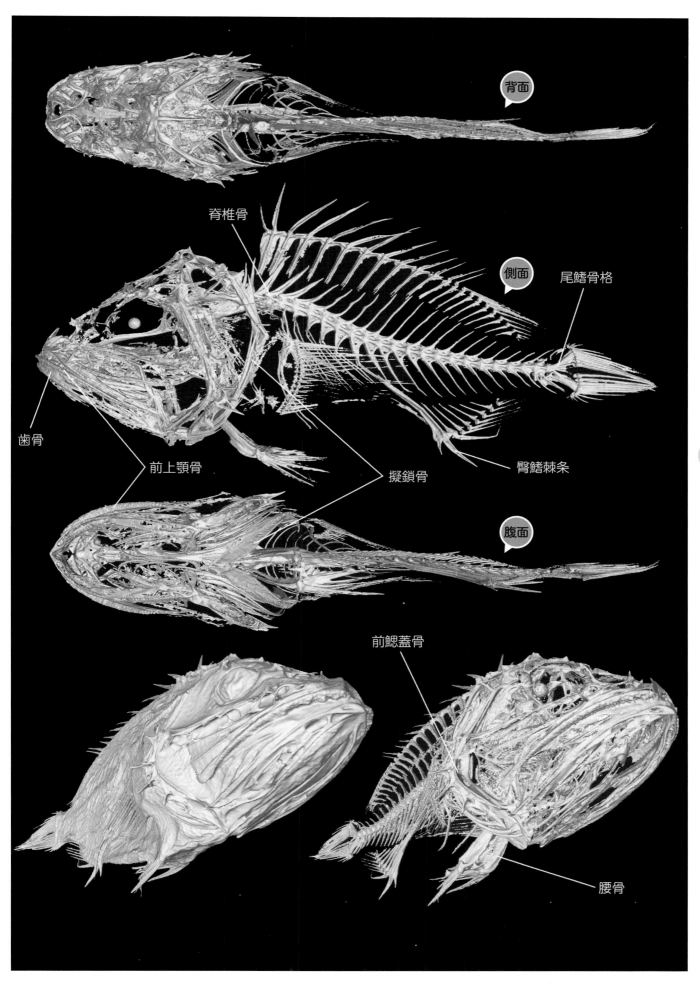

背面

脊椎骨

側面

尾鰭骨格

歯骨

前上顎骨

擬鎖骨

臀鰭棘条

腹面

前鰓蓋骨

腰骨

ハダカオオカミウオ

穴に隠れる
小さい狼（おおかみ）

- ●学名：*Cryptacanthodes bergi*（Lindberg, 1930）
- ●学名の読み方：クリプタカンソーデス・ベルギィ
- ●学名の意味：ベルグ氏のクリプタカンソーデス
（＝ハダカオオカミウオ属）
- ●系統学的位置：カサゴ目ハダカオオカミウオ科ハダカオオカミウオ属

【標本】HUMZ 204906（北海道大学所蔵）

生態

　沖合の深所から200 m以深の海底に生息し、北海道から島根県までの日本海や、北海道・本州東北地方の太平洋側に分布します。泥底に複数の出入り口があるトンネルをつくり、その中で生活します。甲殻類、環形動物（ゴカイ類）などの無脊椎動物を食べています。

特徴

　体は細長く、側扁しています。口は大きく、上を向いています。眼は小さく、頭部背面近くにあります。背鰭鰭条はすべて棘条で、60本以上あります。臀鰭には3本の棘条があります。胸鰭は非常に小さいです。頭や体に鱗はありません。生きている時はピンク色で、薄茶色のシミのような斑紋が体にあります。全長で最大25 cmくらいになります。

仲間

　ハダカオオカミウオ属は世界に4種、日本には1種だけ分布します。

豆知識

　ハダカオオカミウオの「ハダカ」は、鱗がないことを意味しています。

　種の学名のベルギィは旧ソビエト連邦の魚類学者レオ・ベルグに由来します。ロシア科学アカデミー動物学研究所やレニングラード大学で研究し、近代の魚類学を大きく発展させました。特に1940年に出版された『現生と化石魚類の分類体系』（原文はロシア語。英訳版は出版されていますが、日本語版はなし）が有名です。

　属名のクリプタカンソーデスは「隠れた棘をもつもの」という意味で、穴に隠れる生態、非常に数が多い背鰭棘条を指しています。

　ハダカオオカミウオ科によく似た名前のオオカミウオ科（浅海〜やや深い場所に生息）は、同じカサゴ目に属しています。ハダカオオカミウオ科はオオカミウオ科よりも体が小さく、細長いという特徴をもちます。

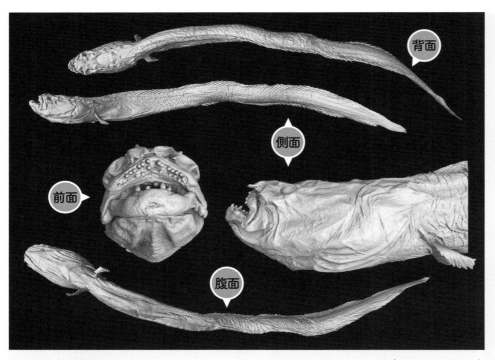

CTからわかること

眼下骨は筒状で、やや弓なりに並びます。歯骨と角骨が幅広く、下顎がしっかりしています。前鰓蓋骨には頭部側線管の開口部があります。鰓弓の骨が発達し、鰓条骨もしっかりしています。腹鰭はありませんが、腰骨はあります。肋骨と肉間骨があります。

背面

側面

前面

腹面

【標本】NSMT-P 53374　　　　標準体長：17.1 cm（全長19.3 cm）

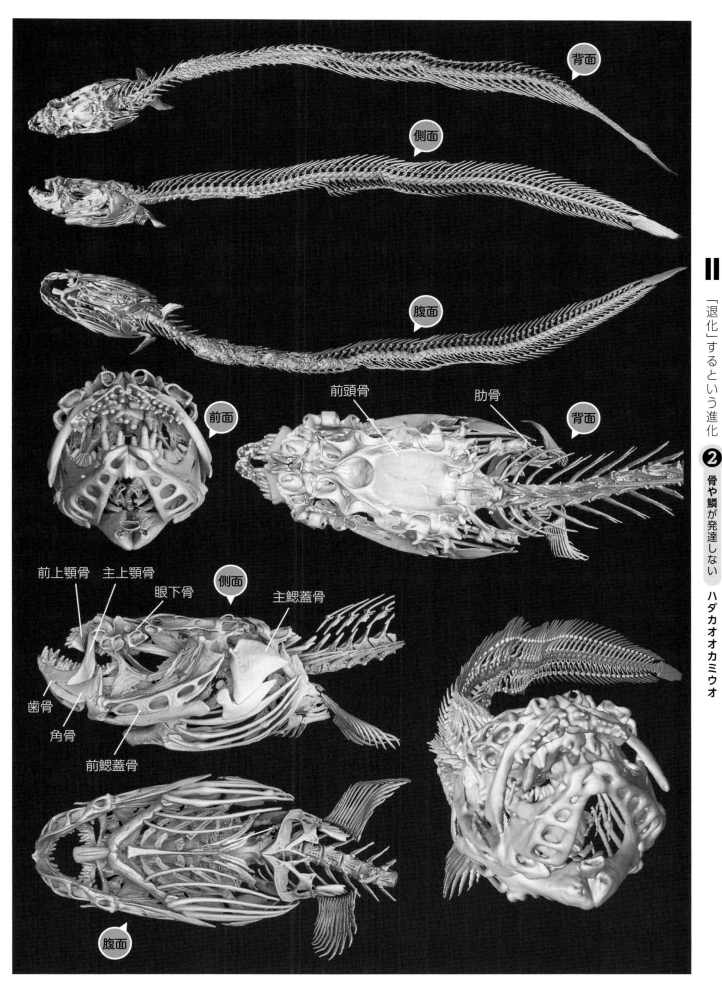

背面

側面

腹面

前頭骨　　　　　肋骨　　背面

前面

前上顎骨　主上顎骨
　　　　　　眼下骨　　側面　　　主鰓蓋骨

歯骨

角骨

前鰓蓋骨

腹面

ホテイウオ

スベスベの
ダンゴウオ

● 学名：*Aptocyclus ventricosus* (Pallas, 1769)
● 学名の読み方：アプトキュクルス・ヴェントリコーサス
● 学名の意味：ひどく膨らんだアプトキュクルス（＝ホテイウオ属）
● 系統学的位置：カサゴ目ダンゴウオ科ホテイウオ属

【標本】HUMZ 232261（北海道大学所蔵）

生態

　水深1,500ｍまでの大陸棚や大陸斜面に生息し、時々大陸斜面から離れて中層域にも出現します。日本では福井県以北の日本海や神奈川県以北の太平洋に、海外ではオホーツク海、ベーリング海、アラスカ湾などに分布します。甲殻類などの無脊椎動物を食べています。中層域ではクラゲ類などを食べています。

特徴

　体は球形で、尾部は側扁します。頭は大きく、丸味を帯びます。眼は小さく、頭の前方にあります。両眼間隔域は幅広く、やや膨らみます。前鼻孔は短い管をもち、後鼻孔よりも少し大きいです。口は幅広く、少し斜めです。鱗はありません。体はこげ茶〜暗い灰色で、成長した個体には、瞳孔大の黒斑が背面や側面にあります。全長で最大45cmくらいになります

仲間

　ホテイウオ属はホテイウオ1種のみを含みます。

豆知識

　ホテイウオは、七福神の布袋さまの姿を重ね合わせた名称です。

　属名のアプトキュクルスは「結合した輪」という意味で、腹鰭が1つの吸盤になっていることを指しています。

　ホテイウオは、冬の産卵期に浅瀬に移動します。北海道南部では卵を抱いたホテイウオを漁獲し、醤油仕立ての鍋料理「ゴッコ汁」を食べます。皮が厚くコラーゲンが豊富で、軟骨が多くアンコウに似た食感です。

　食用とされるダンゴウオ科は、本種の他にアラスカ湾周辺や北大西洋北部に生息するヨコヅナダンゴウオ（*Cyclopterus lumpus*：キュクロプテルス・ルンプス）がいます。卵をキャビア（チョウザメ卵の塩蔵品）の代用品にします。

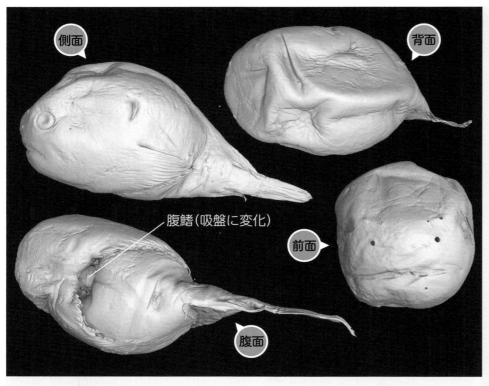

側面　背面　前面　腹面

腹鰭（吸盤に変化）

【標本】NSMT-P 67311　　　　標準体長：6.2cm（全長8.2cm）

CTからわかること

眼下骨は4個あり、第3眼下骨には扇形の眼下骨棚があり、前鰓蓋骨に固着します。前上顎骨の上向突起は大きいです。前頭骨を含め、頭蓋骨の骨はあまり発達しません。胸鰭は大きく、喉まで達します。腰骨には片側6本の鰭条があり、吸盤の膜を支えます。

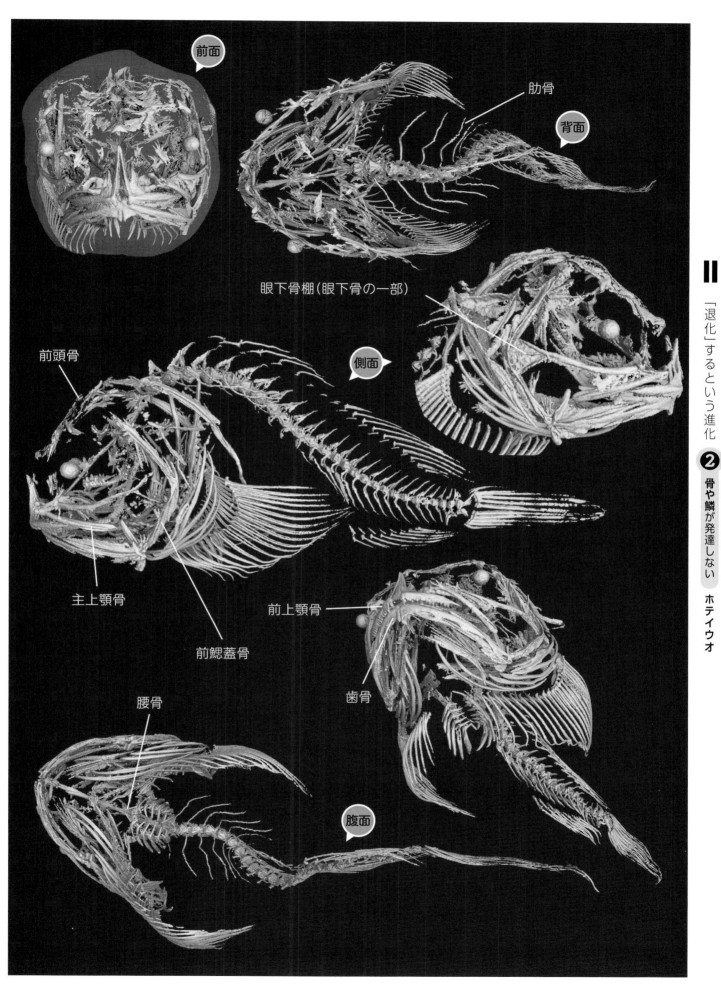

前面

背面

肋骨

眼下骨棚（眼下骨の一部）

側面

前頭骨

主上顎骨

前鰓蓋骨

前上顎骨

歯骨

腰骨

腹面

ビクニン

● 学名：*Liparis tessellatus*（Gilbert and Burke, 1912）
● 学名の読み方：リパリス・テッセラータス
● 学名の意味：モザイク模様のリパリス（＝クサウオ属）
● 系統学的位置：カサゴ目クサウオ科クサウオ属

寒天質の法衣

【標本】NSMT-P 78743

生態

水深400ｍまでの深海底に生息します。日本海、茨城県～北海道の太平洋岸、北海道沖オホーツク海などに分布します。甲殻類、多毛類（ゴカイ類）などの小型動物を食べています。

特徴

体はオタマジャクシ形で、頭が大きく、体は後方にいくほど細くなります。背鰭、尾鰭および臀鰭はつながり、一見したところほとんど区別がつきません。胸鰭は大きく、後縁に深い切れ込みがあり、下葉は鰭膜のくびれが著しく、鰭条が伸びます。腹鰭は吸盤になります。鱗はありません。皮膚は寒天質です。体の模様は個体によって様々で、斑紋のない個体から、縞模様がある個体、白黒の小さい斑点がある個体などがいます。標準体長で最大30 cmくらいになります。

仲間

クサウオ属には日本に11種、世界に約70種が知られています。

豆知識

ビクニンには眼径よりも大きな吸盤があります。この吸盤で岩肌に吸着することができます。左右の腹鰭の鰭膜がつながって、皿のような形になっています。腹鰭の鰭条を動かすことによって脱着可能です。

長く伸びた胸鰭下葉の鰭条で海底の獲物を探します。

皮膚はブヨブヨしていますが、筋肉や骨格は比較的しっかりしています。漁業対象にはなりませんが、混獲されます。

漢字で「比丘尼」と書きます。尼僧の姿をイメージしたものと考えられます。

属名のリパリスは「つややかな」という意味があります。頭の先から尾鰭まで棘や突起がない状態を指しています。

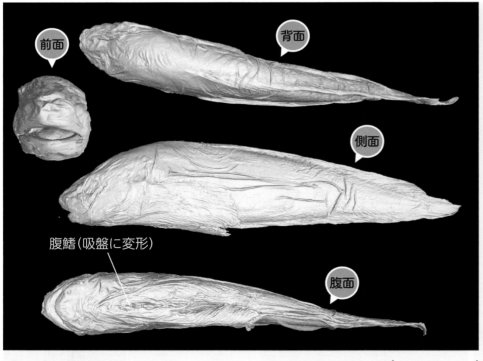

【標本】NSMT-P 95837　　　標準体長：14.2 cm（全長15.8 cm）

CTからわかること

前上顎骨と主上顎骨は大きく、特に前上顎骨の上向突起が長いです。歯骨は上顎骨よりも後ろにあります。胸鰭は腹側で喉の近くまで達します。腹鰭は脊椎骨の神経棘と血管棘がよく発達します。肉間骨は第2腹椎骨から尾椎骨の前半まであります。肋骨があります。

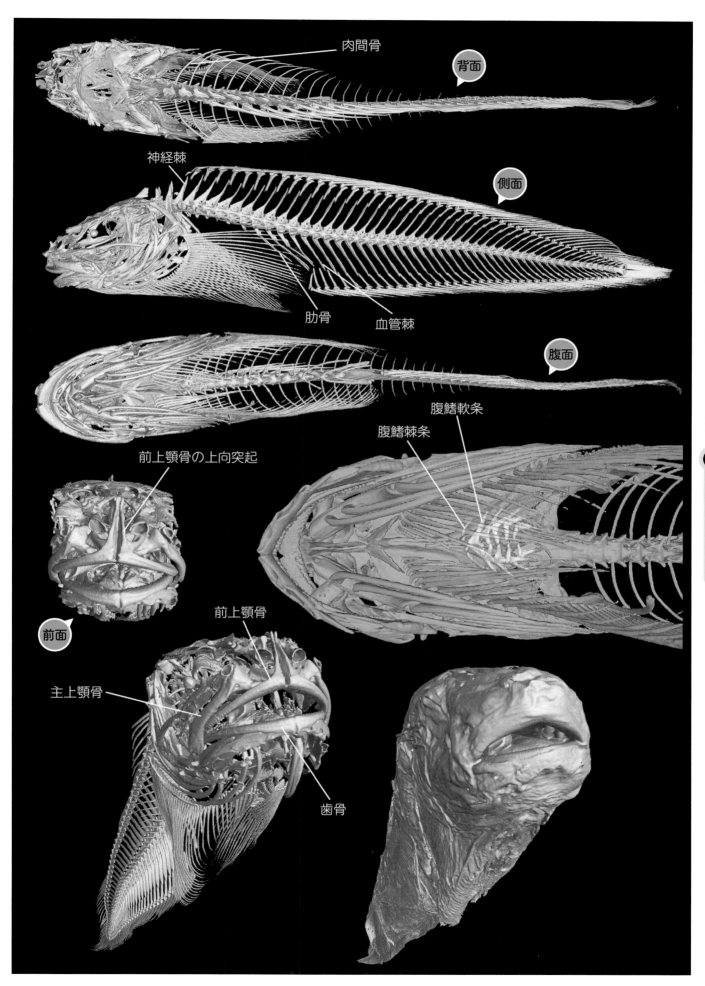

肉間骨

背面

神経棘

側面

肋骨

血管棘

腹面

腹鰭軟条

腹鰭棘条

前上顎骨の上向突起

前面

前上顎骨

主上顎骨

歯骨

フタツザオチョウチンアンコウ

- ●学名：*Diceratias pileatus* Uwate, 1979
- ●学名の読み方：ディケラチアス・ピレアータス
- ●学名の意味：帽子をかぶせられたディケラチアス
  （＝フタツザオチョウチンアンコウ属）
- ●系統学的位置：アンコウ目フタツザオチョウチンアンコウ科
  フタツザオチョウチンアンコウ属

大きな竿と
小さな竿の二刀流

【標本】NSMT-P 65586

生態

水深1,400 mくらいまでの中深層や海底付近に生息します。これまで採集記録があるのは大西洋、インド洋および東太平洋（ハワイ諸島）です。魚類、甲殻類、クシクラゲなどを捕食しています。

特徴

イリシウムとエスカは2組あります。背鰭第1軟条が変形したイリシウムは長く、その先端のエスカには付属突起があります。第2軟条由来のイリシウムは短く、エスカも小さいです。口は大きく、下顎は上顎よりも前に出ます。体は、鱗が変形した微小な棘でおおわれます。生きている時は、イリシウムとエスカと尾鰭が半透明で、それ以外は黒色です。標準体長で最大28 cmくらいになります。

仲間

フタツザオチョウチンアンコウ属は世界で4種が知ら

れています。日本にはサンヨウチョウチンアンコウとトゲトゲチョウチンアンコウの2種が分布しています。

豆知識

フタツザオチョウチンアンコウは、日本には分布していません。日本の調査船が1980年代に大西洋のスリナム・ギアナ沖で魚類調査を行い、本種が採集されました。イリシウムが2本ある特徴にもとづいて漁場開発の目的で出版された図鑑の中で和名がつけられました。

種名の「帽子」は、エスカの先端の付属突起を指しています。

属名のディケラチアスは「2つの（棘が頭にある）ケラチアス（＝ビワアンコウ属）」という意味です。

フタツザオチョウチンアンコウのオスや仔魚は、まだ見つかっていません。また、成熟した卵巣をもったメスも1個体（標準体長23.5 cm）しか知られていません。

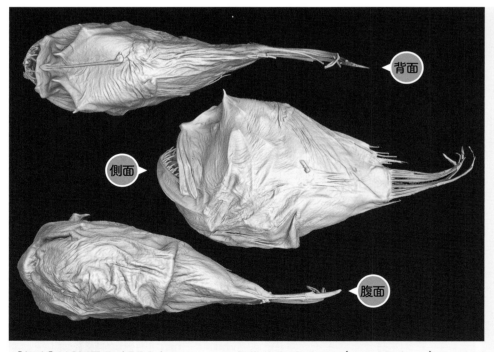

【標本】NSMT-P 65586　　　標準体長：7.4 cm（全長11.6 cm）、メス個体

CTからわかること

頭蓋骨は軟骨の部分が多く、蝶耳骨に棘があります。前上顎骨と歯骨には針のような歯が並んでいます。鋤骨と咽頭骨にも同様の歯があります。角骨は大きく、腹側に広がります。脊椎骨の神経棘と血管棘が発達します。

撮影した個体の胃には、全長10 cmくらいのハダカイワシ類が折りたたまれて入っています。

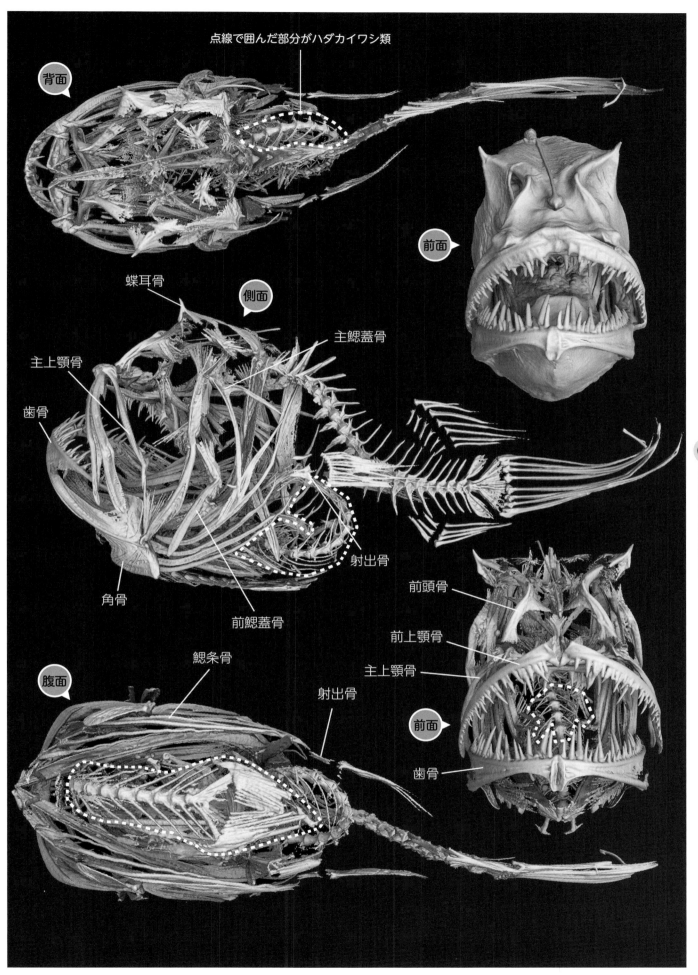

ヨリトフグ

深海に
進出したフグ

●学名：*Sphoeroides pachygaster*
（Müller and Troschel, 1848）
●学名の読み方：スフェロイデス・パキガスター
●学名の意味：太い腹のスフェロイデス（＝ヨリトフグ属）
●系統学的位置：フグ目フグ科ヨリトフグ属

【標本】NSMT-P 140957

生態

水深200～480 mの岩礁域や砂泥底に生息します。世界中の温帯・亜熱帯域に、日本では北海道の南部から九州まで分布します。他のフグ科魚類と同様に、消化管の膨張嚢（ぼうちょうのう）という柔軟な部位に水を取り込んで体を大きく膨らませることができます。甲殻類、頭足類（イカ・タコ類）、魚類などを捕食します。

特徴

頭は大きく、体は尾部に向かって細くなります。鼻孔は1対しかありません。上顎、下顎にそれぞれ大きな歯板が2枚ずつあります。鰓孔は大きく、胸鰭の付け根の前にあります。腹鰭はありません。皮膚は柔らかく、鱗がありません。体の背面や側面は灰色で、輪郭が不明瞭の緑色がかった斑紋があり、腹面は白色です。標準体長で最大30 cmくらいになります。

仲間

ヨリトフグ属には22種が知られています。日本にはヨリトフグのみ生息しています。

豆知識

ヨリトフグは、フグ科の中で唯一の深海性です。地方の市場では「ミズフグ」と呼ばれ、皮膚に締まりのないフグと考えられています。

属名のスフェロイデスは「球のようなもの」の意味です。この属は18世紀末に匿名の人物（アノニマス）によりつくられました。球を意味するスフェロは、spheroと綴りますが、この人物が余分なo（オー）をつけてしまいました。わざとかミスかはわかりません。

ヨリトフグは、ヨリトフグ属の他種とは違う系統を辿ってきたことが最近の分子データ（DNAの塩基配列）からわかってきました。分子系統樹を描くと、両者の間に南アメリカの淡水域に生息するコロメソス属（*Colomesus*）というフグ類が間を割って入ってくるので、ヨリトフグを含めたヨリトフグ属は不自然なグループという考えが成立します。確かにヨリトフグは、深海性であること（他の種は沿岸性）、無毒であること（他は有毒）、鱗に由来する小さい棘が体表にない（他にはある）などでも違っています。ヨリトフグの分類は再検討が必要です。

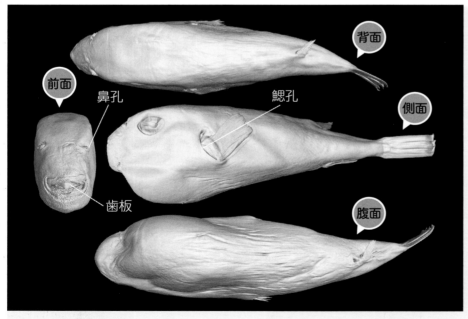

【標本】NSMT-P 46551　　　　標準体長：15.9 cm（全長18.3 cm）

背面

前面

鼻孔

鰓孔

側面

歯板

腹面

CTからわかること

骨は比較的しっかりしており、前上顎骨と歯骨の歯の部分が大きな歯板を形成し、上顎と下顎が鳥のクチバシのようになります。前鰓蓋骨や後擬鎖骨は大きく、さらに表面には多数の筋があります。前方の腹椎骨には板状の神経棘があります。肋骨や腰骨はありません。

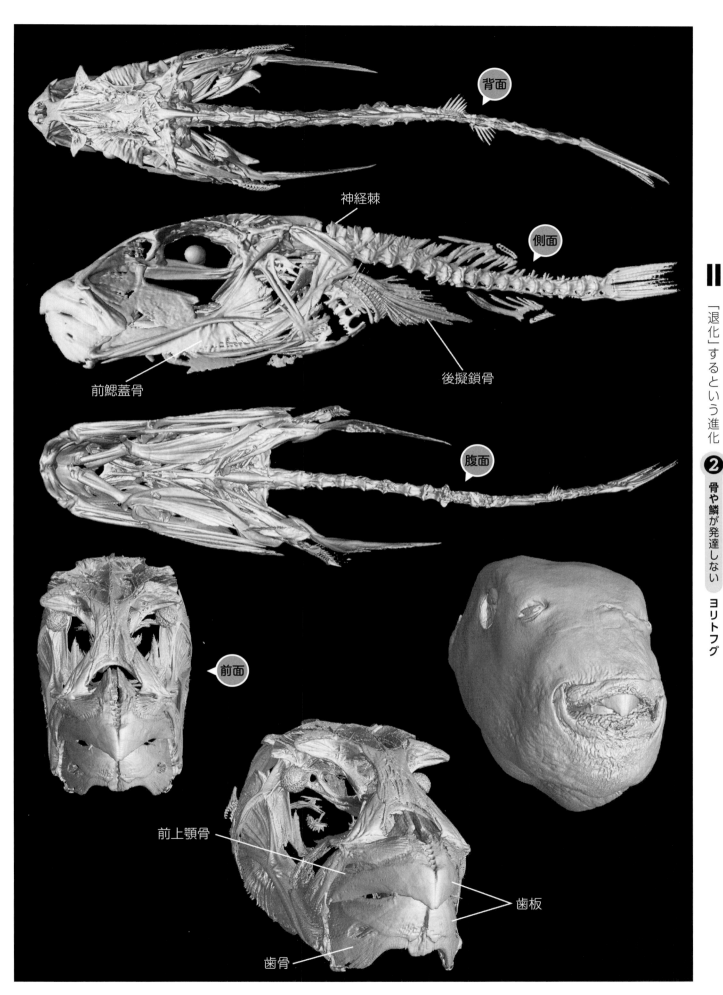

背面

神経棘

側面

前鰓蓋骨

後擬鎖骨

腹面

前面

前上顎骨

歯板

歯骨

深海魚コレクション
エックス線 CT で探る不思議な姿

2022 年 8 月 24 日　　第 1 版第 1 刷発行

著　　者　　篠 原 現 人
発 行 者　　村 上 和 夫
発 行 所　　株式会社 オ ー ム 社
　　　　　　郵便番号　101-8460
　　　　　　東京都千代田区神田錦町 3-1
　　　　　　電話　03（3233）0641（代表）
　　　　　　URL　https://www.ohmsha.co.jp/

© 篠原現人 2022

組版　ヨコジマデザイン　　印刷・製本　壮光舎印刷
ISBN978-4-274-22906-0　Printed in Japan

本書の感想募集　https://www.ohmsha.co.jp/kansou/
本書をお読みになった感想を上記サイトまでお寄せください。
お寄せいただいた方には、抽選でプレゼントを差し上げます。